VOM SÜDLICHEN AFRIKA

SÄUGETIERE
Handbuch

BURGER CILLIÉ

Ihm gewidmet, der alle erschuf.

Herausgegeben von
BRIZA PUBLICATIONS
Reg. no. CK90\11690\23

P. O. Box 56569
Arcadia
0007
Pretoria
South Africa

Erste Auflage 1997
Text © Burger Cillié
Bildnachweis © wie an Ort und Stelle erwähnt
Illustrationen © Annelise Burger
Übersetzung von Helga Ilgner, Heidi Ilgner u.a.
Titelblatt von Roger de Andrade
Herstellung bei CMYK, Kapstadt.
Druck und Einband bei Tien Wah Press,
Singapur.

Alle Rechte vorbehalten. Vervielfältigung nur mit
schriftlicher Zustimmung der Urheber.

ISBN 1 875093 12 5

Bildnachweis
Umschlag (vorne) – Afrikanische Zibetkatze (Nigel Dennis)
Umschlag (hinten) – Elefant- und Löwenspuren (Eric Reisinger)
Inhaltsverzeichnis – Antilopenspuren im Sand (Eric Reisinger)
Vorwort – Leopardenfell (Eric Reisinger)
Einleitung – Steppenzebrafell (Eric Reisinger)

INHALT

Vorwort

Einleitung

Identifikationstabelle **6**

Huftiere **15**

Sehr große Säugetiere **99**

Raubtiere **109**

Kleinere Säugetiere **169**

Tierreservate und Nationalparks **204**

Spuren **212**

Bibliographie **217**

Namenliste **220**

Vorwort

Mein Dank gilt dem inzwischen verstorbenen Dr Reay Smithers, der mir im Jahre 1985 geholfen hat, dies Buch in seiner ursprünglichen Form zusammenzustellen. Seine freundliche Unterstützung und seinen Enthusiasmus weiß ich auch heute noch sehr zu schätzen. Auch wenn er nicht mehr unter uns weilt, bin ich dankbar, daß er uns sein Lebenswerk, die 'Säugetierbibel', **Soogdiere van die Suidelike Afrikaanse Substreek** nachgelassen hat.

Im Besonderen danke ich für die finanzielle Unterstützung von Total SA.

Mein Dank gilt allen Naturschutzinstanzen dieser Region, die geholfen haben, Informationen über Säugetiere in den jeweiligen Tierparks zu sammeln.

Ich danke allen Naturphotographen, Photoagenturen und Freunden, die erlaubten, ihre Photos für dieses Buch unentgeltlich zu benutzen.

Kjeld Kruger von *Wambiri Safaries* danke ich speziell dafür, daß ich seine Sammlung von Losung photograhieren durfte.

Das Vertrauen, das *Briza Publishers* in das Buch durch eine weitere Auflage setzt, wird sehr geschätzt.

Ein besonderer Dank gilt Freunden und Familie für ihr Interesse, ihre Ideen und guten Vorschläge, insbesondere meiner Frau und meinen Kindern für ihre Hilfe, Geduld und Ermutigung.

Meinem Schöpfer vor allem sei gedankt für die Gelegenheit, das Buch als Neuauflage wieder herauszugeben und somit einen kleinen (Tiere-)Teil seiner wunderbaren Schöpfung anderen anschaulicher zu machen.

Burger Cillié

Einleitung

Diese Einführung soll kein Handbuch für Fachleute sein, sondern mit zoologisch korrekten Fakten sollen entsprechende Informationen über unsere im südlichen Afrika vorkommenden Säugetiere für Laien zugänglich gemacht werden. Es werden vornehmlich Identifikationshilfen gegeben, aber auch andere Merkmale eines Tieres wie Verhalten, Verbreitung, bevorzugte Habitat, Fortpflanzung, Spuren, Losung etc. werden beschrieben.

Alle Tiere, denen man häufiger begegnet, werden mit Farbphotos erläutert. Meistens sind zwei Aufnahmen (gewöhnlich vom Weibchen und vom Männchen) so gewählt, dass die spezifischen Merkmale zu erkennen sind. Auf Kennzeichen der Tiere, die leicht verwechselt werden können, wird entsprechend hingewiesen.

Die Spurenzeichnungen der Tiere zeigen den linken Hinterfuß. Bei manchen Tieren unterscheiden sich Vorder- und Hinterfüße; in dem Fall wird der Vorderfuß mit "V" gekennzeichnet.

Rekordangaben für Hörner und Zähne wurden aus der vierundzwanzigsten Auflage von 'Rowland Ward' übernommen.

Beim Layout wurde Wert auf benutzerfreundliche Übersichtlichkeit und kurze, klare Informationen gelegt. Sprachlich ist der Text so gehalten, dass Laien und auch Kinder das Buch mühelos benutzen können.

Eine Karte zeigt die Lage der grösseren und bekannteren Wildparks der Region südlich des Kunene und Sambesi (einschließlich Caprivizipfel). Einer Tabelle kann man entnehmen, welche Tiere in einem bestimmten Tierpark vorkommen.

Der Bildindex soll Anfängern erleichtern, schnell die richtige Tiergruppe im Text zu finden.

Identifikationstabelle

Huftiere

Der Begriff Huftiere umfasst alle Tiere, deren letzter Zeh mit dem hornartigen Zehennagel zu einem Huf umgeformt ist. In diese Gruppe gehören Antilopen, Schweine, Zebras und Giraffen.

Impalas
Mittelgroße Herdentiere (Antilopen), bei denen nur die männlichen Tiere leierförmige Hörner tragen. Ihr Fell hat eine typisch rotbraune Farbe.
Impala, Schwarznasenimpala
Seite 16–19

Springböcke
Mittelgroße Antilopen, bei denen sowohl die männlichen als auch die weiblichen Tiere leierförmige Hörner tragen. Diese in diesem Gebiet einzige Gazellenart hat einen ganz typischen dunklen Seitenstreifen.
Springbock / Gazelle
Seite 20–21

Antilopen mit gedrehten Hörnern
Antilopen, bei denen nur die männlichen Tiere spiralförmig (wie ein Korkenzieher) gedrehte Hörner haben.
Buschbock, Nyala, Sitatunga, Grosser Kudu
Seite 22–29

Große Antilopen mit gedrehtem Wulst
Große Antilopen, bei denen sowohl Bullen wie Kühe kurze gerade Hörner mit gedrehtem Wulst haben.
Elenantilope
Seite 30–31

Große Antilopen mit langen geraden Hörnern
Große Antilopenart, bei der die weiblichen und männlichen Tiere große gerade Hörner tragen; sie kommen vor allem in den trockenen wüstenähnlichen Gebieten vor.
Spießbock
Seite 32–33

Große Antilopen mit zurückgebogenen Hörnern
Große Antilope, bei der die weiblichen und die männlichen Tiere große wulstige, wie ein Säbel nach hinten geschwungene Hörner tragen.
Säbelantilope, Pferdeantilope
Seite 34–37

Antilopen mit nach vorne gebogenen Hörnern
Antilopenart, bei der nur die männlichen Tiere nach vorne gebogene Hörner tragen.
Wasserbock, Letschwe, Puku,
Riedbock, Bergriedbock
Seite 38–47

Kleine Antilopen mit kurzen geraden Hörnern
Kleine Antilopenart, bei der meistens nur die männlichen Tiere kurze gerade Hörner tragen.
Rehantilope, Klippspringer, Bleichböckchen (Oribi), Steinböckchen, Kapsches Greisböckchen, Sharpes Greisböckchen, Moschusböckchen, Windspielantilopen, Damara-Dikdik, Ducker, Rotducker, Blauducker
Seite 48–69

Blesböcke
Mittelgroße dunkelbraune Antilopenart mit auffallendem weißem Bauch und weißer Blesse. Weibliche und männliche Tiere haben Hörner mit dicken ringförmigen Wulsten.
Blesbock, Buntbock
Seite 70–73

Kuhantilopen
Große rotbraune Antilopenart, mit langgezogener Stirn und schräger Rückenlinie vom erhöhten Widerrist zur Kruppe abfallend. Weibliche und männliche Tiere tragen Hörner.
Halbmondantilope, Rote Kuhantilope, Lichtensteins Kuhantilope
Seite 74–79

Gnus
Dunkle kuhartige Herdentiere, bei denen sowohl die männlichen als auch die weiblichen Tiere Hörner tragen.
Weißschwanzgnu, Streifengnu, Afrikanischer Büffel
Seite 80–85

Zebras
Pferdeänliche schwarz-weiß gestreifte Tiere.
Burchells Zebra, Kap Bergzebra, Hartmannns Bergzebra
Seite 86–91

Schweine
Braungraue schweineartige Tiere.
Warzenschwein, Buschschwein
Seite 92–95

Giraffe
Große Tiere mit auffallend langem Hals und langen Beinen.
Giraffe
Seite 96–97

Sehr große Säugetiere

Sehr große Pflanzenfresser mit gräulicher Haut ohne Fell und großen Füßen

Elefant
Riesiges Säugetier mit langem, beweglichem Rüssel und langen hervorstehenden Stoßzähnen.
Afrikanischer Elefant
Seite 100–101

Nashörner
Sehr große Säugetiere, die prähistorischen Tieren ähneln und zwei Hörner auf der Nase haben.
Spitzmaulnashorn, Breitmaulnashorn
Seite 102–103

Flusspferd
Sehr großes tonnenförmiges Säugetier
Nilpferd
Seite 106–107

Raubtiere

Katzen und hundeartige Tiere, die selbst jagen oder Aas fressen

Großkatzen
Große dreckigweiße oder gelbliche Katzen, die selbst ihre Beute fangen
Löwe, Leopard, Gepard
Seite 110–115

Kleine Katzen
Meistens nachtaktiv, machen auf kleine Tiere Beute.
Karakal, Serval, Afrikanische Wildkatze, Schwarzfußkatze
Seite 116–123

Hyänen
Große hundeartige Tiere mit kurzem Schwanz und Rücken, der schräg nach hinten abfällt.
Tüpfelhyäne, Schabrackenhyäne, Erdwolf
Seite 124–129

Hundeartige Tiere
Hundeartige Tiere mit langem buschigem Schwanz und langen Ohren.
Afrikanischer Wildhund, Streifenschakal, Schabrackenschakal, Löffelhund, Kapfuchs
Seite 130–139

Mangusten
Kleine Tiere mit langem Körper, kurzen Beinen und langem Schwanz.
Honigdachs, Afrikanische Zibetkatze, Kleinfleckenginsterkatze, Großfleckengisterkatze, Streifeniltis, Fuchsmanguste, Rotichneumon, Kleinichneumon, Weißschwanzmanguste, Wassermanguste, Zebramanguste, Zwergmanguste, Surikate, Kapotter
Seite 140–167

Kleine Säugetiere

Alle anderen kleinen Pflanzen-, Fleisch- und Insektenfresser

Erdferkel
Rundliches fahles Tier mit langer Schnauze und langen Ohren.
Erdferkel
Seite 170–171

Steppenschuppentier
Mit Schuppen bedecktes, reptilienartiges Tier mit langer Schnauze und breitem Schwanz.
Steppenschuppentier
Seite 172–173

Klippschliefer
Kleines kräftig gebautes und hauptsächlich auf Felsen lebendes Tier.
KapKlippschliefer
Seite 174–175

Rohrratte
Großes graues rattenartiges Tier, das vor allem im Marschland lebt.
Großrohrratte
Seite 176–177

Igel
Sehr kleines Tier mit kurzen schwarz-weißen Stacheln
Südafrikanischer Igel.
Seite 178–179

Stachelschwein
Großes Nagetier mit langen schwarz-weißen Stacheln auf der Oberseite des Körpers.
Südafrikanisches Stachelschwein
Seite 180–181

Hase/Kaninchen
Tierchen mit langen Ohren und kurzen Schwänzen.
Buschhase, Kaphase
Seite 182–187

Springhase
Nagetier mit kängeruh-artigem Aussehen; der auffallend lange Schwanz hat eine buschige schwarze Spitze.
Springhase
Seite 188–189

Eichhörnchen
Kleine Nagetiere mit dickem buschigen Schwanz.
Kap-Borstenhörnchen, Ockerfußbuschhörnchen
Seite 190–193

Nachtäffchen
Kleine nachtaktive Tiere mit buschigem Fell und auffallend großen Augen und Ohren.
Nachtäffchen, Riesengalago
Seite 194–197

Affen
Tagaktive Tiere mit langem Schwanz und langen Hinterläufen, häufig in Bäumen anzutreffen.
Grüne Meerkatze, Weißkehlmeerkatze, Bärenpavian
Seite 198–203

Oben – Kudu (HPH Photography), rechts – Klippspringer (Burger Cillié)

Huftiere

Der Begriff Huftiere umfasst alle Tiere, deren letzter Zeh mit dem hornartigen Zehennagel zu einem Huf umgeformt ist. In diese Gruppe gehören Antilopen, Schweine, Zebras und Giraffen.

Impala

Gewicht ♂ 47–82 kg.
♀ 32–52 kg.

Hornlänge
± 50 cm.
Rekord 80,96 cm.

Nahrung Blätter und Gräser.

Lebenserwartung
± 12 Jahre.

Feinde Tüpfelhyäne, Gepard, Leopard, Löwe, Afr. Wildhund, Python.

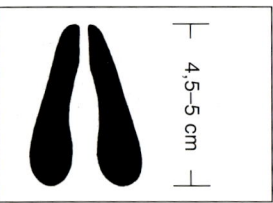

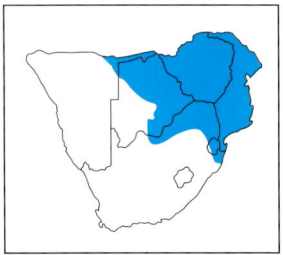

Impala
Aepyceros melampus melampus

Beschreibung Die Farbe des Halses, Rückens und der Keulen ist glänzend rotbraun. An den Flanken wird dies zu einem breiten hellbraunen Band, das wiederum gegen die gräulichweiße Unterseite klar abgegrenzt ist. Um die Augen befindet sich ein weißer Ring und hoch auf der Stirn eine schwarze Zeichnung. Von hinten sieht man drei schwarze vertikale Streifen, nämlich auf dem Schwanz und den beiden Keulen, dies ist ein charakteristisches Merkmal dieser Art. Die schwarzen Haarbüschel an den Fersen beherbergen eine Duftdrüse, an der das Lamm seine Mutter erkennt.

Geschlechtsunterschied Ricken sind ohne Hörner und kleiner als Böcke.

Habitat In den meisten Savannentypen heimisch, meiden jedoch bergiges Gelände.

Gewohnheiten Impalas sind tagaktiv und leben in Herden von ± 20 Tieren. Im Winter vereinen sich diese zu Großherden. Zur Paarungszeit besetzen die Böcke Territorien und versammeln darin etwa 15–20 weibliche Tiere und verjagen andere Böcke mit einem röhrendem Prusten. Junge und territoriale Böcke formen Junggesellenherden. Impalas sind gewandte Springer mit Sätzen von 3 Meter Höhe und 12 Meter Weite. Es gibt Impalas noch außerhalb von Naturschutzgebieten.

Lautäußerungen Ein Warn- und Alarmschnaufen, in der Brunft geben die Böcke ein wiederholtes röhrendes Prusten von sich.

Nachwuchs Ein Lamm wird nach einer Tragzeit von 6½ Monaten zwischen September und Januar geboren.

Auch Schwarzfersenantilope.

♂

♀

Burger Cillié

Richard du Toit

Schwarznasenimpala

Black-faced Impala
Aepyceros melampus petersi

Gewicht ♂ ± 63 kg.
♀ ± 50 kg.

Hornlänge
± 46 cm
Rekord 67,31 cm.

Nahrung Blätter, Gräser, Triebe, Blumen, Schoten.

Lebenserwartung
± 12 Jahre.

Feinde Gepard, Leopard, Löwe, Afrikanischer Wildhund, Tüpfelhyäne.

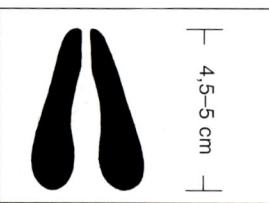

4,5–5 cm

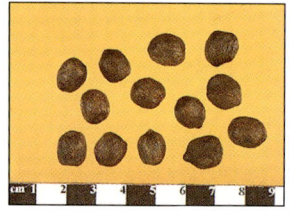

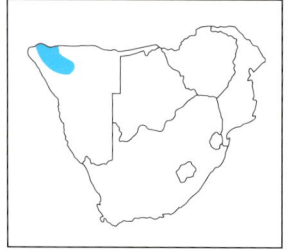

Beschreibung Die Farbe des Rückens ist mattbraun mit einem schwarzblauen Glanz. Auf der Flanke, zwischen dem hellen Bauch und dem mattbraunen Rücken befindet sich ein Streifen hellbraunen Haares. Auf dem Gesicht sowie auf dem Hinterteil und dem Schwanz befinden sich schwarze, senkrechte Streifen. Die Ohren und Wangen sind rötlich braun.

Geschlechtsunterschied Nur Böcke tragen Hörner und sind größer als Ricken.

Habitat Halten sich mit Vorliebe in dichtem Unterwuchs, umgeben von offener Baumsavanne, auf.

Gewohnheiten Schwarznasenimpalas sind tagaktive Tiere, die in Herden von 3–20 Tieren leben. Diese bestehen aus weiblichen Tieren und Jungtieren mit einem Herdenbock, während die übrigen Böcke einzeln gehen. Zur Setzzeit der Lämmer finden große Ansammlungen statt, die später wieder in kleinere Herden aufbrechen. Nachts schlafen Herden gemeinsam in offenen Gebieten. Hauptäsungszeit sind die kühleren Tagesstunden, die heißen Stunden verbringen sie im Schatten von Dickicht.

Lautäußerungen Ein Alarmnießen.

Nachwuchs Ein Lamm wird nach einer Tragzeit von 6½ Monaten zwischen September und Januar geboren.

Auch Angola Schwarzgesichtimpala

♂

♀

Springbock

Springbok
Antidorcas marsupialis

Gewicht ♂ 33–48 kg.
♀ 30–44 kg.

Hornlänge
± 35 cm.
Rekord 49,21 cm.

Nahrung Gräser, Blätter, Triebe, Zweige von Karoo-Sträuchern.

Lebenserwartung
± 10 Jahre.

Feinde Schabrackenhyäne, Tüpfelhyäne, Gepard, Leopard, Löwe.

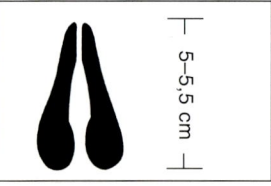

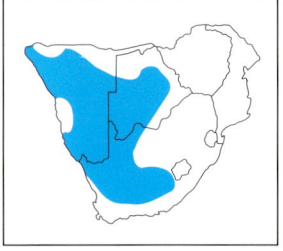

Beschreibung Der Springbock ist Südafrikas Nationaltier. Obere Körperteile hell- bis dunkelbraun mit einem dunklen Seitenstreifen entlang der Flanken. Gesicht, Kehle, Hals – und Körperunterseite sowie Innenseite der Beine sind weiß. Ein dunkler Streifen läuft vom Auge zum Mundwinkel. In einem Streifen langer weißer Haare liegt die Rückendrüse. Bei Erregung wird diese Hautfalte aufgestülpt und die Haare werden fächerähnlich zu einer langen weißen Bürste gesträubt, z.B. bei Flucht oder beim charakteristischen "Pronken" – tolle wippende Luftsprünge. Gelegentlich kommen weiße oder dunkelbraune Tiere vor. Beide Geschlechter tragen Hörner.

Geschlechtsunterschied Ricken leichter als Böcke, mit dünneren Hörnern.

Habitat Offene Steppen in trockenen und halbtrockenen Gebieten.

Gewohnheiten Gesellig, kleine Herden bildend, in denen weibliche Tiere mit Jungtieren und Junggesellen sein können. Im Frühjahr schließen sich mehrere Kleinherden zu riesigen gemischten Großherden zusammen. Hauptaktivitätsperioden frühmorgens und spätnachmittags; die heiße Tageszeit wird ruhend verbracht. Das "Pronken" ist ein bemerkenswertes Schauspiel: sie machen mit gesenktem Haupt, krummem Rücken und steifen Beinen sowie gesträubtem Rückenhaar riesige wippende Sprünge.

Lautäußerungen Tiefes, kurzes Grunzröhren, bei Alarm ein hohes, pfeifendes Schnauben.

Nachwuchs Ein Lamm wird irgendwann im Jahr (vor allem während der Regenzeit) nach einer Tragzeit von etwa. 6 Monaten geboren.

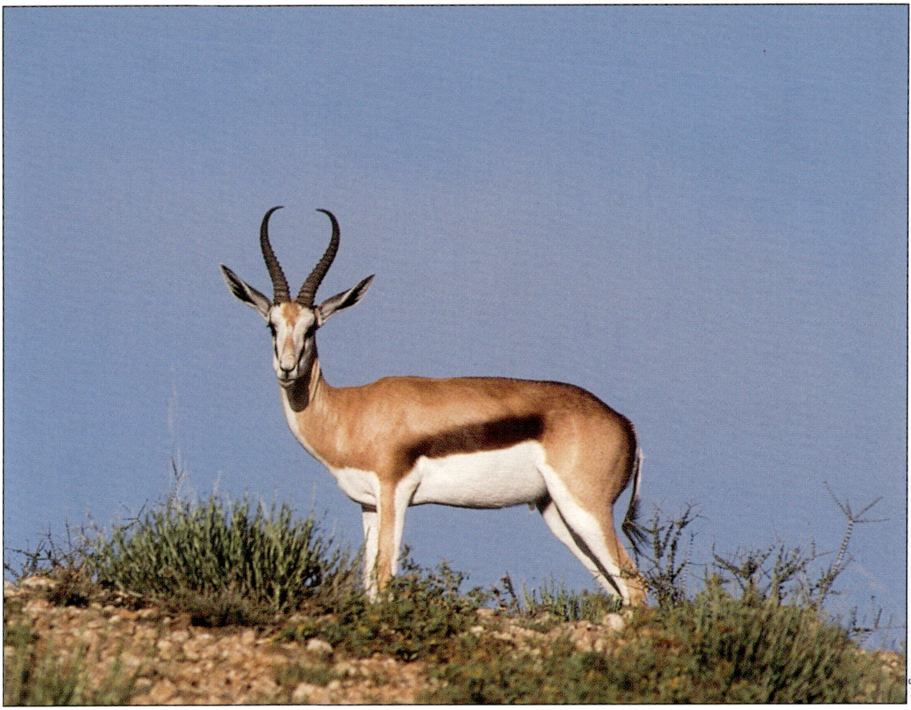

Duncan Butchart/African Images

♂

♀

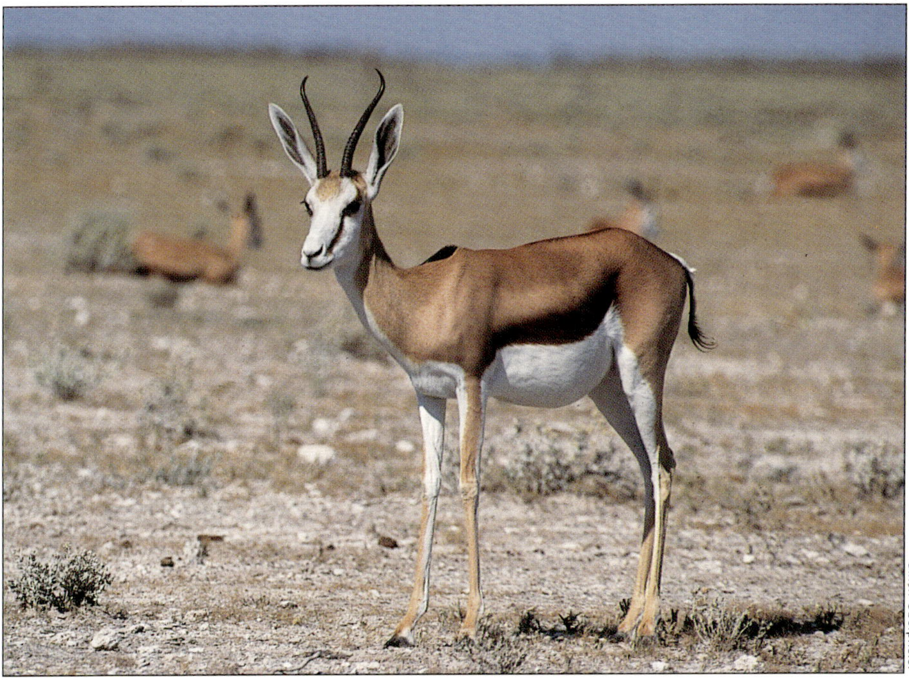

Ulrich Oberprieler

Gewicht ♂ 40–77 kg.
♀ 30–36 kg.

Hornlänge
± 26 cm.
Rekord 51,44 cm.

Nahrung Vorwiegend Blätter und Triebe, auch Gras.

Lebenserwartung
± 11 Jahre.

Feinde Leopard, Löwe, Karakal, Python.

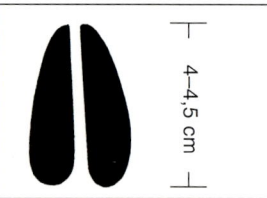

4–4,5 cm

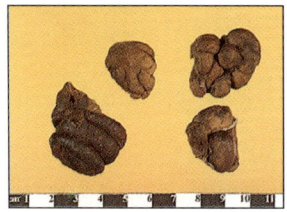

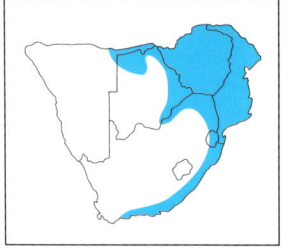

Buschbock

Bushbuck
Tragelaphus scriptus

Beschreibung Die Farbe der Böcke variiert von braun bis dunbelbraun, die Farbe der Ricken von hell- bis kastanienbraun. Beide Geschlechter haben weiße Punkte auf Flanken und Keulen und eine weiße Schwanzspitze. Manche Tiere haben senkrechte weiße Streifen über dem Rücken, die für andere Buschbockunterarten, z.B. den rötlichen Chobe Buschbock typisch sind. Die Böcke haben eine ausgeprägte Rückenmähne, die bei Erregung aufgerichtet wird. Weibliche Buschböcke unterscheiden sich von weiblichen Nyalas durch geringere Größe und weniger Streifen.

Geschlechtsunterschied Ricken sind kleiner, heller, ungehörnt.

Habitat Dickichte oder dichte Vegetation entlang Flußufern, immer nahe am Wasser.

Gewohnheiten Scheue Einzelgänger, nur zeitlich bedingte Paarbildung zwischen Weibchen und Jungtieren. Die Böcke mit ihren scharfen Hörnern sind als äußerst wehrhaft bekannt; wenn in die Enge getrieben, haben sie in Selbstverteidigung schon Hunde, Leoparden und sogar Menschen getötet. Tagsüber ruhen sie in dichtem Unterholz und äsen frühmorgens, spätnachmittags und nachts. Alle Sinne sind bestens entwickelt, möglicherweise ein Grund, weshalb sie auch außerhalb von Naturschutzgebieten noch anzutreffen sind.

Lautäußerungen Lautes Bellen wie Hund oder Pavian.

Nachwuchs Ein Lamm wird irgendwann im Jahr nach einer Tragzeit von etwa. 6 Monaten geboren.

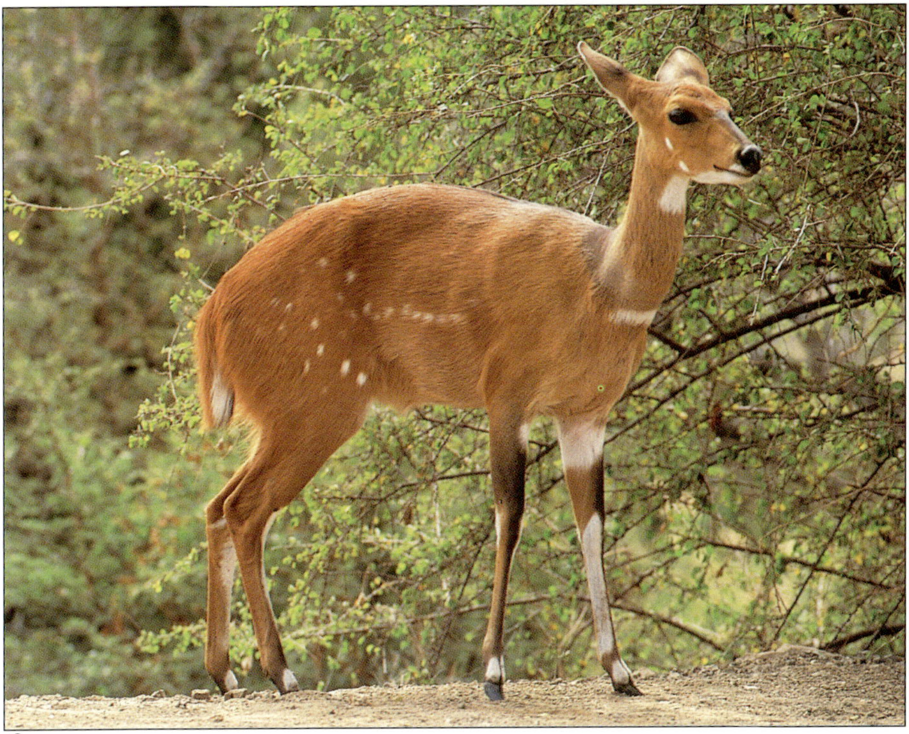

Burger Cillié

♀

♂

Burger Cillié

♂

Daryl Balfour/ABPL

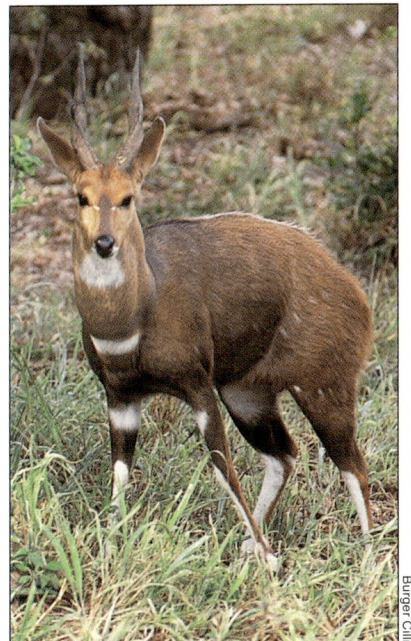

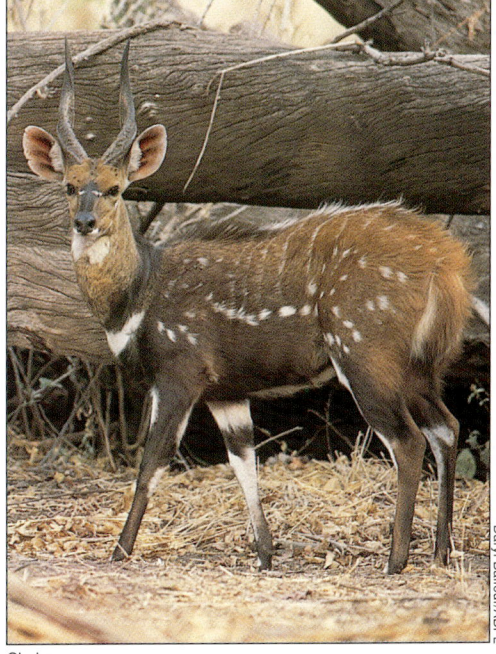

Chobe

Gewicht ♂ 92-126 kg.
♀ 55-68 kg.

Hornlänge
± 60 cm.
Rekord 83,19 cm.

Nahrung Blätter, frisches Gras, Früchte, Blumen und Samen.

Lebenserwartung
± 13 Jahre.

Feinde Tüpfelhyäne, Leopard, Löwe.

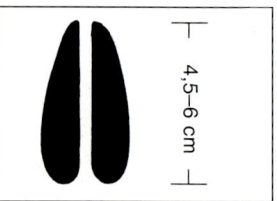

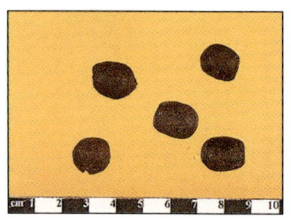

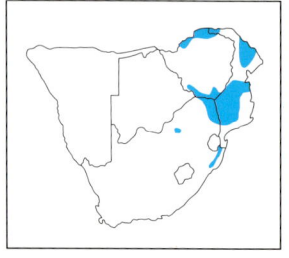

Nyala

Nyala
Tragelaphus angasi

Beschreibung Feingebaute Antilope mit schmalem Körper und graziösen Bewegungen. Bullen sind dunkel blaugrau mit weißen vertikalen Körperstreifen, gelben Strümpfen und einer weißen Markierung zwischen den Augen. Bullen sind der ganzen Länge nach auf der Rücken, am Bauch und auf der Vorder- und Hinterkante der Keulen bemähnt. Die Rückenmähne als solche hat weiße Haarspitzen, sonst ist die Mähne körperfarben. Die Kühe sind rötlich bis kastanienbraun mit den gleichen weißen Markierungen wie die Bullen, doch ohne die Markierung zwischen den Augen. Weibliche Buschböcke im Vergleich sind kleiner und haben weniger Streifen.

Geschlechtsunterschied Nur Bullen tragen Hörner, sind dunkler und größer als Kühe und sind bemähnt.

Habitat Dickicht und dichter Busch in trockenen Wäldern entlang Flüssen.

Gewohnheiten Nyalas leben in kleinen lockeren Herdenverbänden von 3–16 Tieren, die aus einem Bullen, weiblichen Tieren und Jungtieren zusammengesezt sind. Die Tiere scheinen frei zwischen den Herden hin- und herzuwechseln. Alte Bullen bilden Junggesellenherden oder werden zu Einzelgängern. Sie äsen nachts und während der kühleren Tagesstunden; ruhen in der Hitze des Tages. Man findet sie oft unter Bäumen, aus denen Meerkatzen und Paviane Früchte fallen ließen.

Lautäußerungen Blöken und tiefes Schreckbellen.

Nachwuchs Ein Kalb wird irgendwann im Jahr (vor allem zwischen August und Dezember und im Mai) geboren.

Auch Tieflandnyala

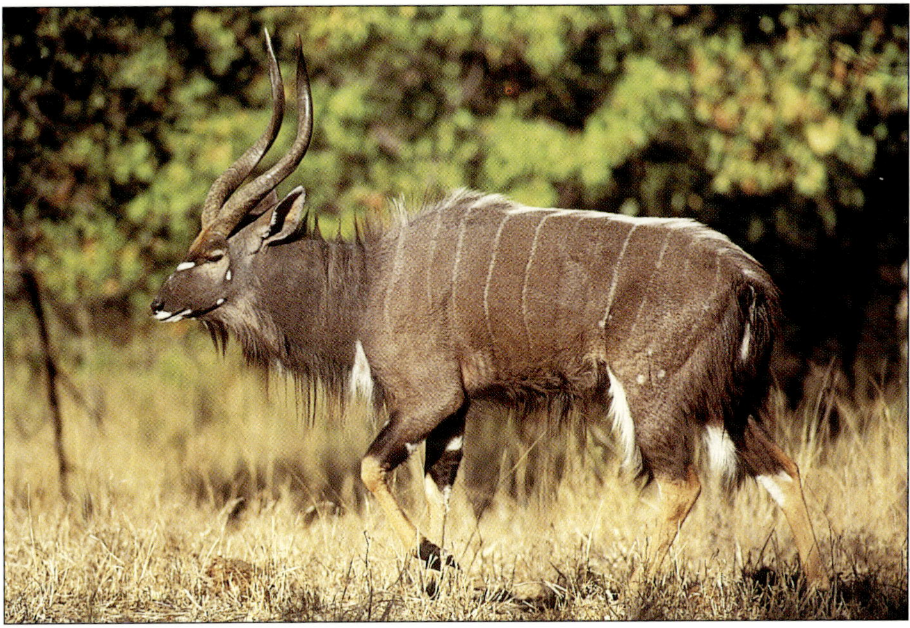

Burger Cillié

♂

♀

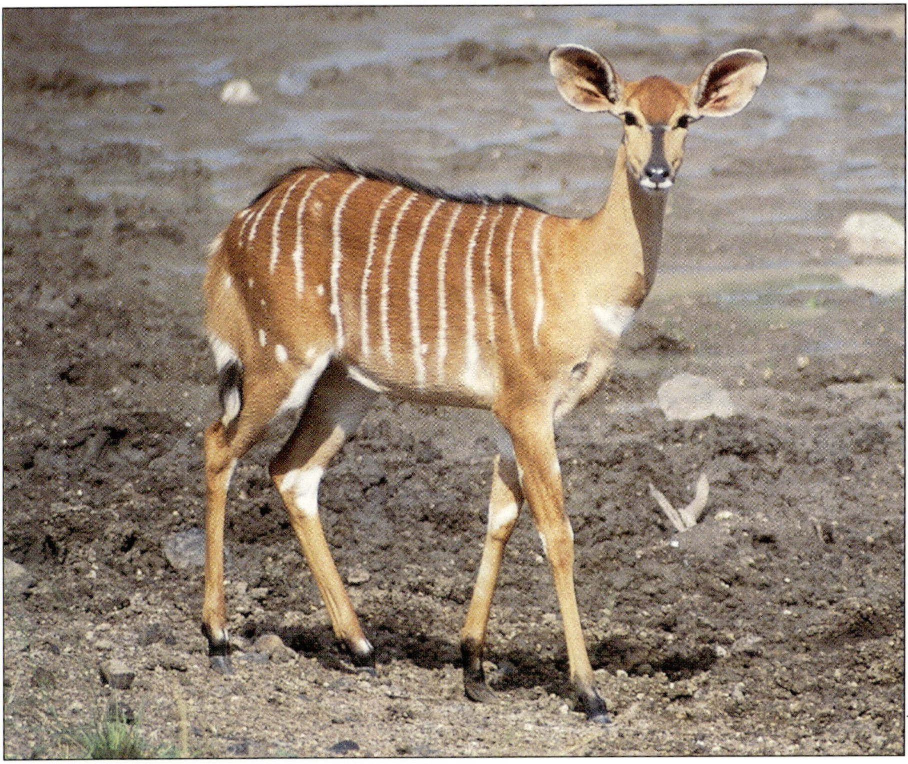

Ulrich-Oberprieler

Gewicht ♂ ± 114 kg.
♀ ± 55 kg.

Hornlänge
± 60 cm
Rekord 82,55 cm.

Nahrung Papyrus, Ried und Wassergräser.

Lebenserwartung
± 19 Jahre.

Feinde Löwe, Krokodil.

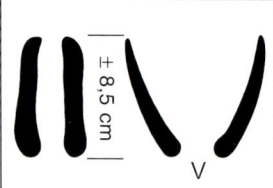

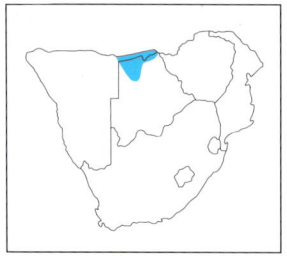

Sitatunga

Sitatunga
Tragelaphus spekei

Beschreibung Eine scheue Antilope mit langem Fell und einem weißen Zeichen zwischen den Augen. Die Farbe der Bullen ist dunkel graubraun, die der weiblichen Tiere hellgelb bis rötlichbraun mit deutlichen weißen Punkten auf Flanke und Keule. Vertikale weiße Streifung der Flanken ist an der Rasse im südlichen Afrika nur bisweilen oder undeutlich ausgeprägt. Weiße Querstreifen finden sich am Halsansatz, der Kehle und auf der Innenseite der Vorderläufe in Höhe der Ellbogen. Die Hufe sind stark verlängert und gespreizt, um die Bewegung durch ihren sumpfigen Standort zu erleichtern. Buschböcken ähnlich, doch größer mit längeren Hörnern.

Geschlechtsunterschied Weibliche Tiere ungehörnt, kleiner und heller in der Farbe.

Habitat Begrenzt auf die permanenten Sümpfe Botswanas und des östlichen Caprivi.

Gewohnheiten Leben einzeln oder paarweise, aber immer in lockeren Verbänden bis zu 6 Tieren, bestehend aus einem Bullen sowie weiblichen und jungen Tieren. Schwimmen gut und suchen bei Gefahr Schutz im Wasser. Tagsüber äsen sie in Papyrus- und Riedgebieten, offene Flutebenen meidend. Suchen zur Rast Riedplateaus auf. Nachts verlassen sie gelegentlich die sichere Sumpfvegetation, um in umliegenden trockenen Waldgebieten zu äsen, kehren jedoch vor Tagesanbruch zum Sumpf zurück.

Lautäußerungen Wiederholtes Alarmbellen.

Nachwuchs Ein Kalb wird irgendwann im Jahr (vor allem zwischen Juni und Juli) geboren.

Auch Sumpfantilope.

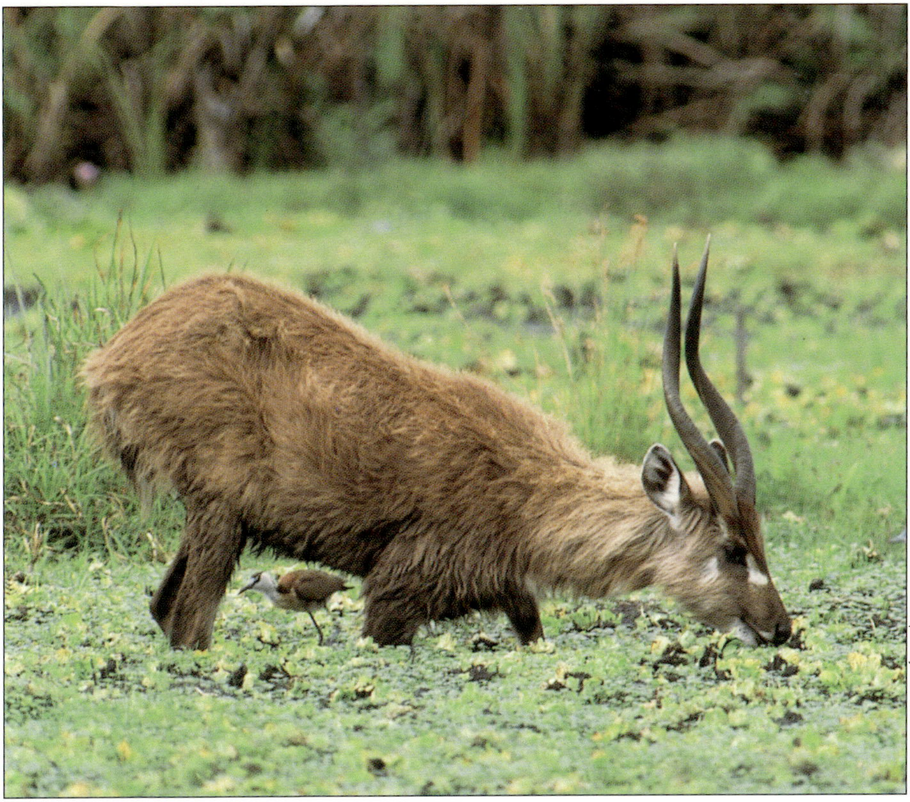

♂

Philippe Dejace/Wildlife Pictures

♀

Daryl Balfour

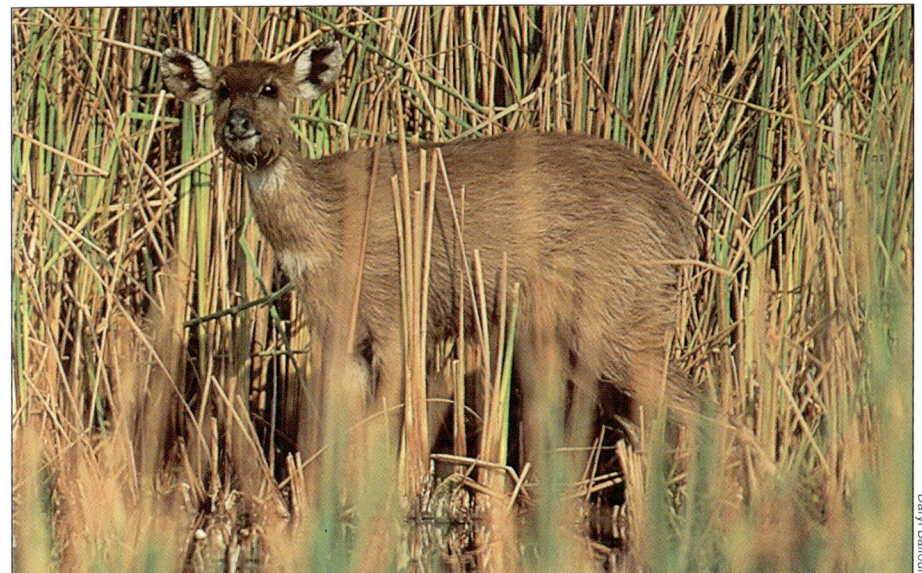

Gewicht	♂ 190–270 kg.
	♀ 120–210 kg.

Hornlänge
± 120 cm.
Rekord 187,64 cm.

Nahrung Blätter, Triebe, Schoten und auch frisches Gras.

Lebenserwartung
± 14 Jahre.

Feinde Tüpfelhyäne, Gepard, Leopard, Löwe, Afr. Wildhund.

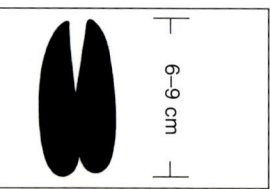

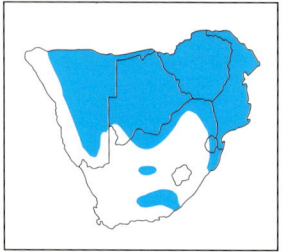

Großer Kudu

Greater Kudu, Kudu
Tragelaphus strepsiceros

Beschreibung Kudus sind große, majestätisch anmutende Antilopen. Sie sind braungrau mit einer Anzahl vertikaler weißer Streifen auf Körper und Keulen. Alte Bullen bekommen einen dunklen bleigrauen Hals. Zwischen den Augen befindet sich eine weiße "V"-Markierung. Bei den Kühen sind durch die fehlenden Hörner die großen weißgerandeten Ohren wesentlich auffallender als bei Bullen. Der Widerrist ist stark ausgeprägt. Bei beiden Geschlechtern besteht eine Nackenmähne, bei Bullen zusätzlich eine Halsmähne. Der Schwanz hat eine dunkle Spitze und ist unterseits weiß.

Geschlechtsunterschied Kühe kleiner und ungehörnt.

Habitat Dichte Savannentypen, mit Vorliebe in hügeligem oder bergigem Gelände oder nahe Kopjes (Inselberge).

Gewohnheiten Hauptaktivität frühmorgens und spätnachmittags. Familienherden von 5–12 Tieren, vorwiegend aus Kühen und Kälbern zusammengesetzt, und nur zur Brunftzeit von Bullen begleitet. Bullen leben das übrige Jahr in Junggesellenherden oder einzeln. Es sind graziöse Tiere mit einem erstaunlichen Sprungvermögen für diese grossen Tiere (± 2 Meter). Im Lauf durch dichte Vegetation legen Bullen ihr Gehörn bis auf den Rücken zurück. Kudus sind weit verbreitet und noch recht häufig außerhalb von Naturschutzgebieten anzutreffen.

Lautäußerungen Lautes tiefes Bellen als Schrecklaut.

Nachwuchs Ein Kalb wird nach einer Tragzeit von etwa. 7 Monaten zwischen November und Januar geboren.

Auch Kudu.

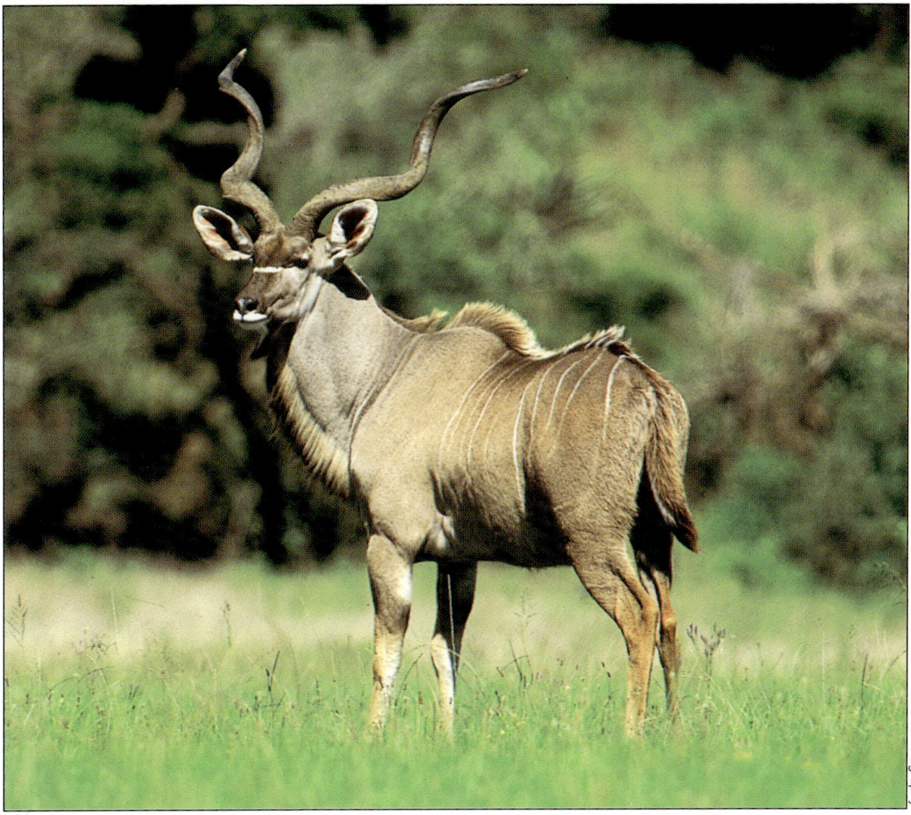

HPH Photography

♂

♀

Ulrich Oberprieler

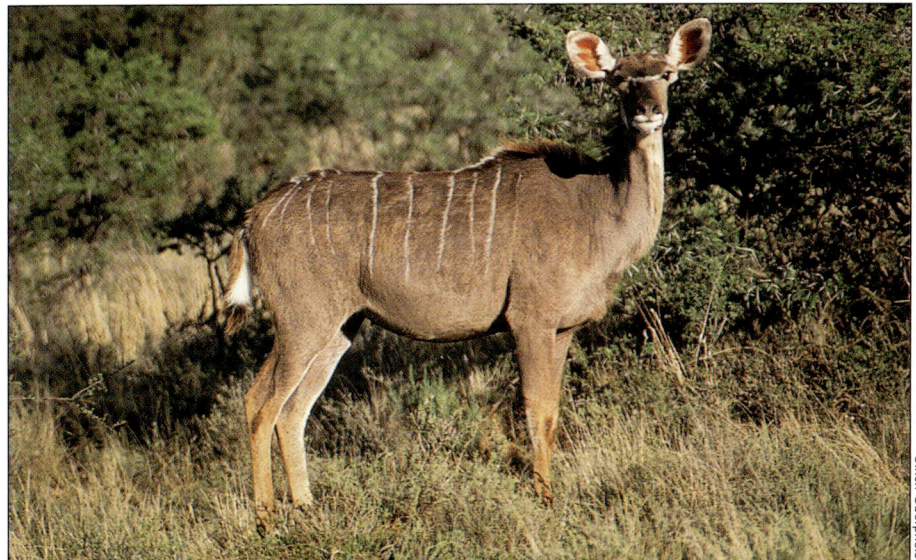

Elenantilope

Eland
Taurotragus oryx

Gewicht ♂ ± 700 kg.
♀ ± 460 kg.

Hornlänge
± 60 cm.
Rekord 114,3 cm.

Nahrung Blätter, sowie Gräser im Frühjahr. Trinkt regelmäßig.

Lebenserwartung
± 12 Jahre.

Feind Löwe.

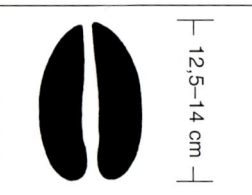

12,5–14 cm

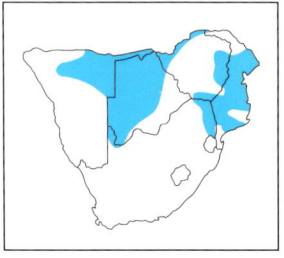

Beschreibung Die Elenantilope ist die größte hier vorkommende Antilopenart. Ihre Grundfarbe ist ein helles Graubraun mit manchmal schwachen senkrechten Streifen entlang der Flanken. Bullen entwickeln mit zunehmendem Alter einen blaugrauen Hals. Sie erinnern mit ihrem ausgeprägten Widerristhöcker und der großen Wamme an Brahmanbullen. Beide Geschlechter tragen gerade, in sich gedrehte Hörner, Bullen haben bisweilen eine recht lange bürstenartige, braune Stirnmähne.

Geschlechtsunterschied Bullen größer und schwerer als Kühe, mit kürzeren, aber dickeren Hörnern.

Habitat Weit verbreitet, bevorzugen offene Waldsavanne und buschiges flaches Veld.

Gewohnheiten Kleine Herden von 8–12 Tieren, doch große Herden nicht ungewöhnlich. Äsen gewöhnlich am Tag, zur Regenzeit bisweilen bis tief in die Nacht hinein, dabei große Entfernungen zurücklegend. Elenantilopen sind scheu und flüchten bei dem geringsten Zeichen von Gefahr. Sie sind für ihre Größe erstaunlich gute Springer und nehmen Hindernisse von 2 Metern mit Leichtigkeit. Ernsthafte Kämpfe zwischen Bullen finden gelegentlich statt.

Lautäußerungen Kühe "muhen", Kälber blöken, Bullen brüllen – auch bellender Schreckton.

Nachwuchs Ein Kalb wird irgendwann im Jahr (vor allem zwischen August und Oktober) nach einer Tragzeit von etwa. 9 Monaten geboren.

Auch Eland, Elen.

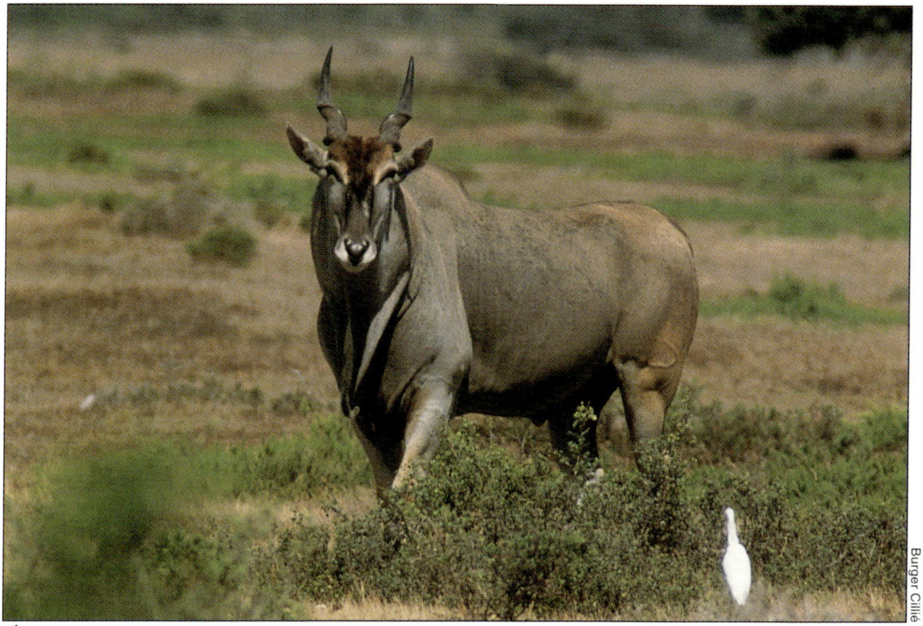

Burger Cillié

♂

♀

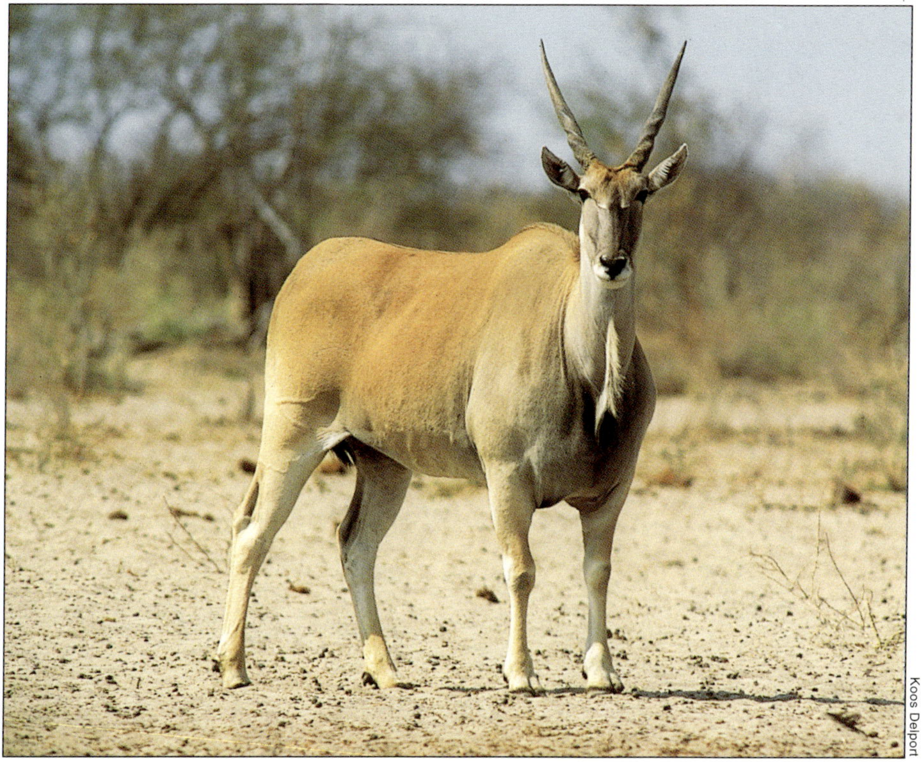

Koos Delport

Gewicht	♂ ± 240 kg. ♀ ± 210 kg.

Hornlänge
± 85 cm. Rekord 123 cm.

Nahrung Hauptsächlich Gras, Tsammamelonen, Früchte und Wurzeln.

Lebenserwartung
± 19 Jahre.

Feinde Tüpfelhyäne, Löwe, Afrikanischer Wildhund.

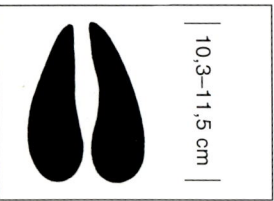

10,3–11,5 cm

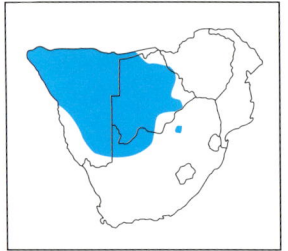

Spießbock

Gemsbok
Oryx gazella

Beschreibung Die Farbe ist leichtbraun bis hell aschbraun mit helleren Flächen auf den Keulen. Der Schwanz ist schwarz mit langem Haar. Ein schwarzer Flankenstreifen verbindet die schwarzen oberen Teile der Läufe. Die Unterseite und unteren Teile der Läufe sind weiß. Ein schwarzer Aalstrich verläuft entlang Mähne und Rücken in eine größere schwarze Fläche auf der Kruppe. Das Gesicht ist weiß mit einer schwarzen Maske, die aus einem Kehlstreifen, einem Streifen von der Hornbasis seitlich bis kurz vor die Mundwinkel verläuft, einem Dreieck auf der Stirn und einem breiten schwarzen Nasenrücken besteht. Der Kehlstreifen schließt an einen schwarzen Halsstrich an, der zwischen den Vorderläufen endet. Schwarze Markierungen finden sich auch auf den "Schienbeinen" aller Läufe. Beide Geschlechter tragen die charakteristischen langen geraden Hörner.

Geschlechtsunterschied Weibliche Tiere sind leichter im Bau, die Hörner sind länger und dünner.

Habitat Ebenen in offener trockener Savanne und Halbwüsten.

Gewohnheiten Spießböcke leben in Herden von 12 oder mehr Tieren. Bullen sind entweder territorial oder schließen sich zu kleinen Herden von 2–3 Tieren zusammen. Kälber werden nach der Geburt für einige Monate von den Müttern verborgen, ehe sie sich der Herde anschließen. Diese Antilopen "knieen" oft beim Grasen und können lange Zeit ohne Wasser auskommen.

Lautäußerungen Rinderähnliches Brüllen.

Nachwuchs Ein Kalb wird irgendwann im Jahr nach einer Tragzeit von etwa. 9 Monaten geboren.

Auch Gemsbock (von Afrikaans) und Oryx.

♂

♂ + ♀

Pferdeantilope

Roan Antelope
Hippotragus equinus

Gewicht ♂ 230–300 kg.
♀ 220–250 kg.

Hornlänge
± 75 cm.
Rekord 99,06 cm.

Nahrung Vorwiegend Gras, auch Blätter und Früchte.

Lebenserwartung
± 19 Jahre.

Feinde Gepard, Leopard, Löwe, Krokodil.

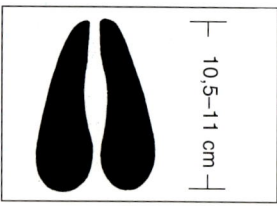

10,5–11 cm

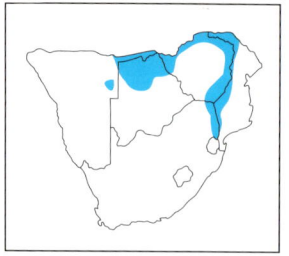

Beschreibung Die Pferdeantilope ist fahl rötlichbraun mit einer dunkleren Stehmähne. Die Beine sind etwas dunkler als der Körper, die Unterseite etwas heller, der Schwanz dunkelbraun bis schwarz. Durch den scharfen Kontrast der schwarzen Färbung auf weißem Hintergrund wirkt das Gesicht wie eine Maske. Pferdeantilopen haben auffallend lange Ohren. Beide Geschlechter tragen Hörner, ähnlich denen der Rappenantilope in einem Bogen nach hinten geschwungen, nur kürzer.

Geschlechtsunterschied Weibliche Tiere sind kleiner und tragen dünnere Hörner als männliche.

Habitat Lichte Baumsavanne in der Nähe von Wasser.

Gewohnheiten Pferdeantilopen leben in Herden von 5–25 Tieren, angeführt durch eine Leitkuh mit einem dominanten Bullen. Dieser verteidigt die weiblichen Tiere gegen andere Bullen. Junge Bullen bilden Junggesellenderden, während ältere Bullen Einzelgänger sind. Äsungsperioden sind frühmorgens und spätnachmittags. Die Bullen sind oft in Kämpfe verwickelt und beide Geschlechter verteidigen sich erfolgreich gegen Raubwild.

Lautäußerungen Ein prustendes Schnauben.

Nachwuchs Ein Kalb wird irgendwann im Jahr nach einer Tragzeit von 9 bis 9½ Monaten geboren.

♂

♀

Rappenantilope

Sable Antelope
Hippotragus niger

Gewicht ♂ 200–270 kg.
♀ 180–250 kg.

Hornlänge
♂ ± 102 cm.
Rekord 154,31 cm.

Nahrung Bevorzugt Gras, frißt auch Kräuter und Blätter.

Lebenserwartung
± 17 Jahre.

Feinde Leopard, Löwe, Krododil.

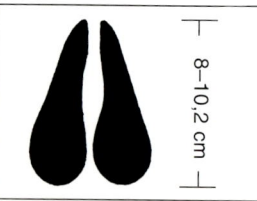

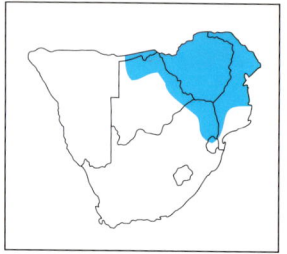

Beschreibung Beide Geschlechter tragen ein säbelähnliches nach hinten geschwungenes Gehörn. Bei jüngeren Tieren ist die Farbe dunkelbraun und wird mit zunehmendem Alter schwarz. Unterseite und Spiegel (Rückseite der Keulen) weiß. Weibliche Tiere sind rötlich bis dunkelbraun, während Kälber hellbraun sind. Das Gesicht hat einen schwarzen Nasenrücken und zwei dunkle Streifen, die von den Augen zu den Mundwinkeln gehen. Kälber sehen denen der Pferdeantilope sehr ähnlich, da sie sich jedoch selten weit vom Muttertier entfernen, sind sie nicht zu verwechseln.

Geschlechtsunterschied Kühe sind etwas kleiner, meist brauner als Bullen, Hörner kürzer und dünner.

Habitat Offene Waldgebiete mit mittlerem bis langem Gras.

Gewohnheiten Diese tagaktiven Antilopen leben in Herden von 10–40 Tieren, die aus einem Herdenbullen, weiblichen Tieren und Jungtieren oder auch aus Junggesellenherden und einzelnen Bullen bestehen. Hauptaktivitätsperioden frühmorgens und spätnachmittags. Mit ihren scharfen säbelähnlichen Hörnern verteidigen sie sich erfolgreich gegen die meisten tierischen Feinde, sogar Löwen, indem sie ihren Rücken im Gebüsch verstecken und den Angreifer mit gesenkten Hörnern erwarten.

Lautäußerungen Schnauben und Nießen.

Nachwuchs Ein Kalb wird nach einer Tragzeit von etwa. 8 Monaten zwischen Januar und März geboren.

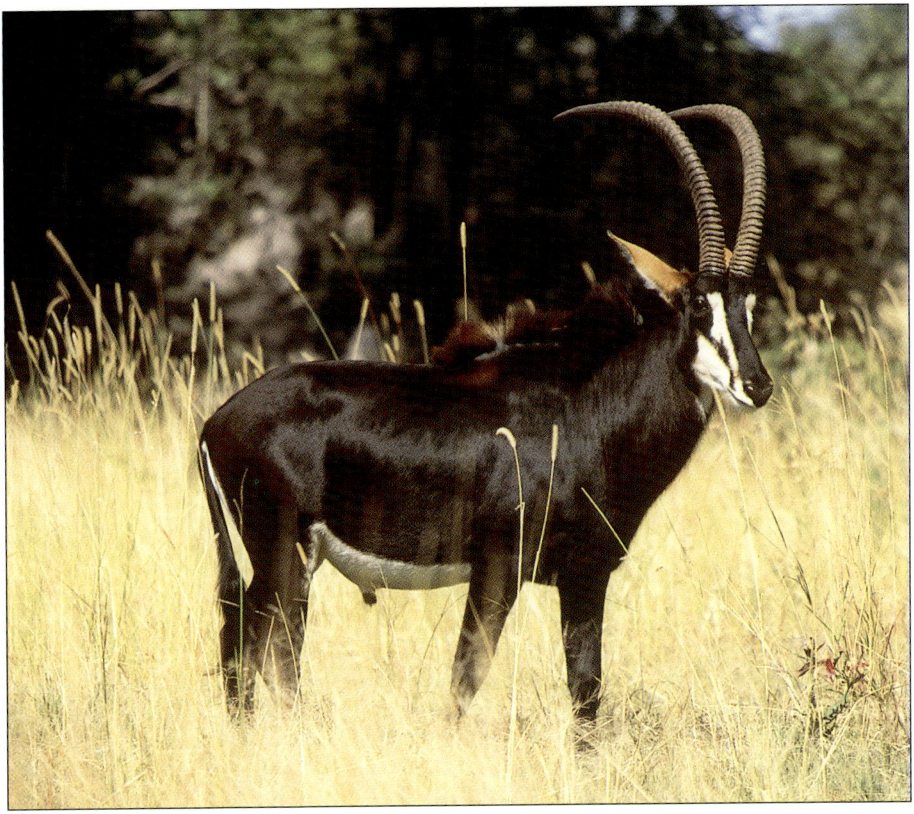

Veronica Roodt

♂

♀

Burger Cillié

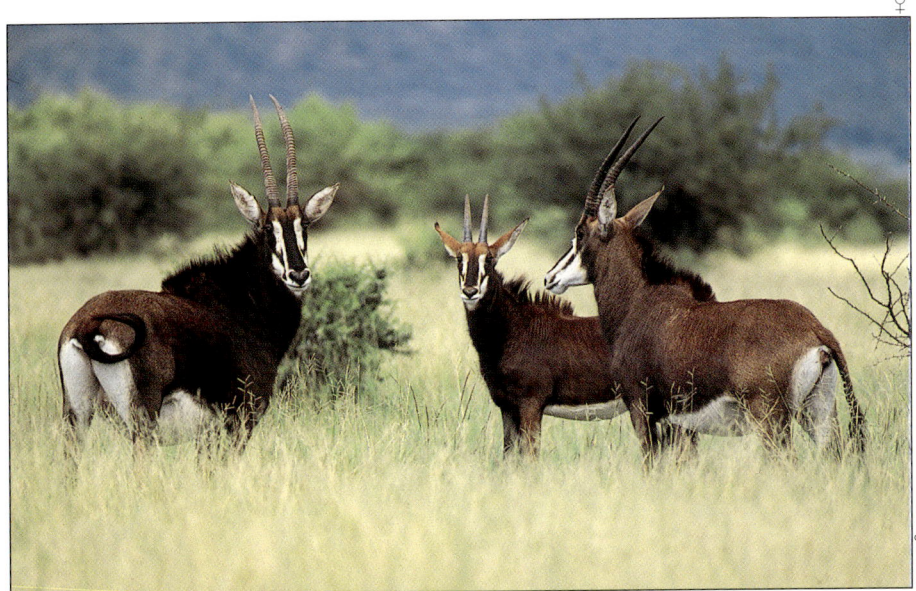

Ellipsenwasserbock

Waterbuck
Kobus ellipsiprymnus

Beschreibung Grosse graubraune Antilope mit charakteristischem weißem Ring um den Schwanz und weißem Kragen. Weitere weiße Markierungen sind die langen weißen Haare der inneren Ohren, die weißen Augenbrauen und die weiße Schnauze. Die Schwanzquaste sowie die unteren Beine sind dunkler. Fell struppig, lang und grobhaarig.

Geschlechtsunterschied Bullen stärker als Kühe, die ungehörnt sind.

Habitat Gebiete entlang von Flüssen, Sümpfen; sie sind nie weit vom Wasser entfernt.

Gewohnheiten Tagaktive, gesellige Tiere. Die kleinen Herden von 6–12 Tieren bestehen meist aus Kühen und Kälbern. Bullen sind territorial und gehen entweder einzeln oder mit der Herde. Ernsthafte Kämpfe zwischen Bullen sind häufiger als bei den meisten anderen Antilopenarten. Bei Gefahr fliehen sie ins Wasser, auch in der Gegenwart von Krokodilen, die sie vermutlich wegen ihres abstoßenden Körpergeruchs verschmähen.

Lautäußerungen Meist stumm, Schnauben bei Alarm oder Erregung. Kühe rufen Kälber mit leisem "Muh".

Nachwuchs Ein Kalb wird irgendwann im Jahr nach einer Tragzeit von etwa 9 Monaten geboren, selten zwei.

Auch Wasserbock.

Gewicht ♂ 250–270 kg.
♀ 205–250 kg.

Hornlänge
± 75 cm.
Rekord 99,70 cm.

Nahrung Gras, bisweilen Blätter. Trinkt regelmäßig.

Lebenserwartung
± 14 Jahre.

Feinde Tüpfelhyäne, Löwe, Gepard, Afr. Wildhund.

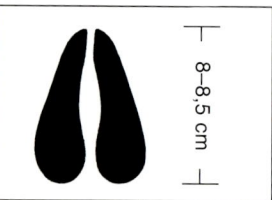

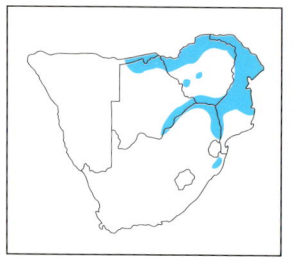

♂

♀

Letschwe

Red Lechwe
Kobus leche

Gewicht ♂ 100–130 kg.
♀ 61–97 kg.

Hornlänge
± 70 cm.
Rekord 88,90 cm.

Nahrung Wassergräser sowie Gräser am Rand des Sumpfes.

Lebenserwartung Unbekannt.

Feinde Löwe, Gepard.

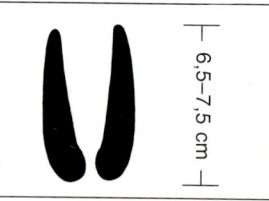

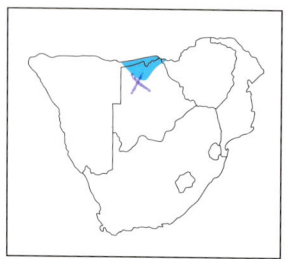

Beschreibung Eine ungewöhnlich gebaute Antilope von mittlerer Größe, die hinten höher steht als vorne, daher fällt die Rückenlinie nach vorne ab. Die Farbe ist ein leuchtendes Rotbraun mit helleren Flanken und weißer Unterseite. Die Hufe sind verlängert und etwas gespreizt, wodurch die Bewegung im sumpfigen Gelände ermöglicht wird. Schwarze Markierungen an den Vorderkanten der Vorderläufe, sowie im unteren Teil der Hinterläufe, schwarze Schwanzquaste. Pukus sind im Vergleich kleiner und ohne Schwarz an den Läufen.

Geschlechtsunterschied Weibliche Tiere leichter und ungehörnt.

Habitat Ständig bleibende Sümpfe und Flutebenen.

Gewohnheiten Letschwen bilden Herden von 10–100 und mehr Tieren, am häufigsten in Herden von 10–20. Gute Schwimmer und laufen ohne Schwierigkeit in seichtem Wasser. Bei Gefahr suchen sie im Wasser Zuflucht. Auf festem Land sind sie nicht sehr schnell und laufen mit charakteristisch tief gehaltenem Kopf und Hals. Äsen knietief im Wasser, besonders frühmorgens und spätnachmittags. Suchen trockene Inseln im Sumpf zur Rast auf, schlafen nachts am Ufer, nahe am Wasser.

Lautäußerungen Wieherndes Grunzen als Warnlaut sowie tiefer Pfeifton.

Nachwuchs Ein Kalb wird irgendwann im Jahr (vor allem zwischen Oktober und Dezember) nach einer Tragzeit von 7 bis 8 Monaten geboren.

Auch Moorantilope und Litschi.

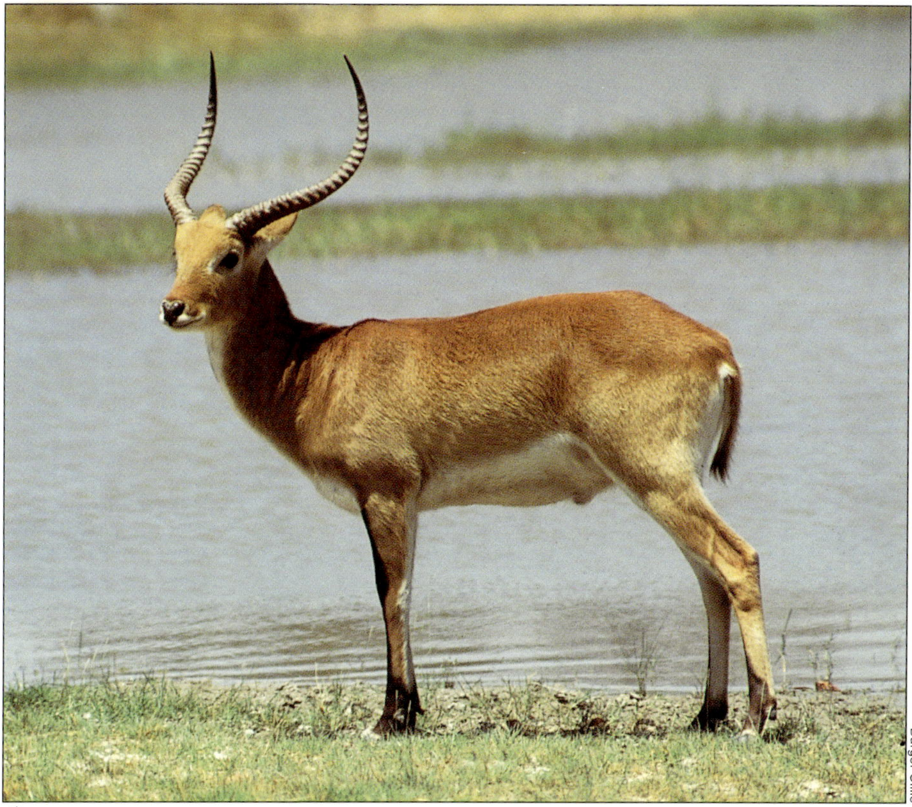

Burger Cillié

♂

♀

Burger Cillié

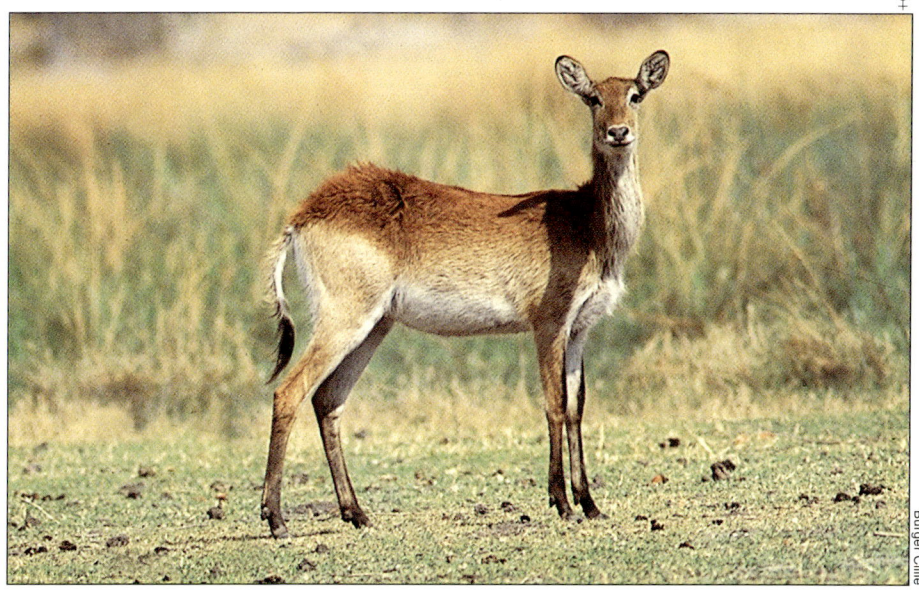

Puku

Puku
Kobus vardonii

Beschreibung Gutgebaute mittelgrosse Antilope mit gerader Rückenlinie. Die Farbe ist goldbraun mit weißlicher Kehle und Unterseite, sowie Augenbrauen und Schnauze. Die Rückseiten der Ohren haben schwarze Ränder. Im Vergleich zum Letschwe sind sie kleiner, haben eine gerade Rückenlinie, sind weniger weiß, und es fehlen die schwarzen Streifen an den Beinen.

Geschlechtsunterschied Weibchen kleiner als Böcke und ungehörnt.

Habitat Grasflächen zwischen Sumpfgebieten und den umliegende Wäldern.

Gewohnheiten Pukus leben in Herden von 6–20 Tieren, die sich aus weiblichen Tieren und Jungtieren zusammensetzen. Böcke sind territorial und leben einzeln oder bilden Junggesellenherden. Es findet freie Bewegung zwischen diesen Herden statt. Zur Brunft versammelt der Bock einen Harem in seinem Territorium, den zusammenzuhalten seine ganze Aufmerksamkeit fordert. Pukus sind tag- und nachtaktiv.

Lautäußerungen Wiederholtes Alarmpfeifen.

Nachwuchs Ein Lamm wird irgendwann im Jahr (vor allem zwischen Mai und September) nach einer Tragzeit von 7 bis 8 Monaten geboren.

Auch Grasantilope.

Gewicht ♂ 68–91 kg.
♀ 48–80 kg.

Hornlänge
± 45 cm.
Rekord 56,20 cm.

Nahrung Vorwiegend Gras, auch Triebe und Blätter von Bäumen.

Lebenserwartung Unbekannt.

Feinde Gepard, Leopard, Löwe, Afr. Wildhund.

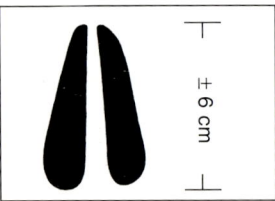

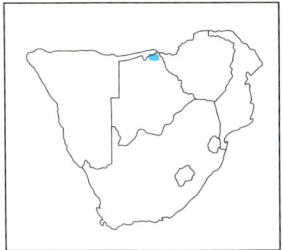

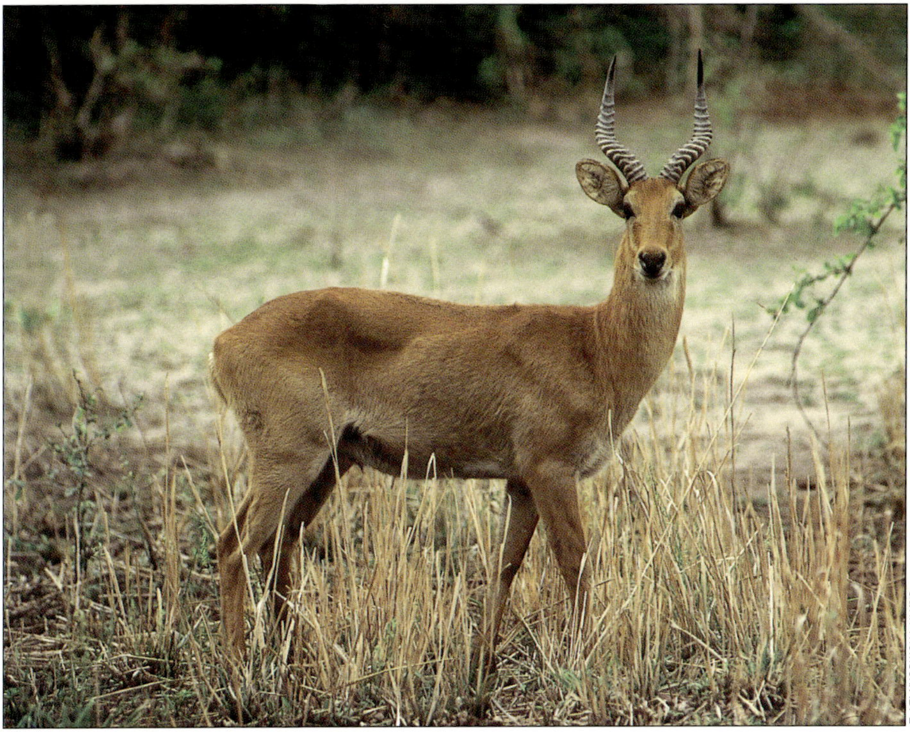

Gavin Thomson/ABPL

♂

♀

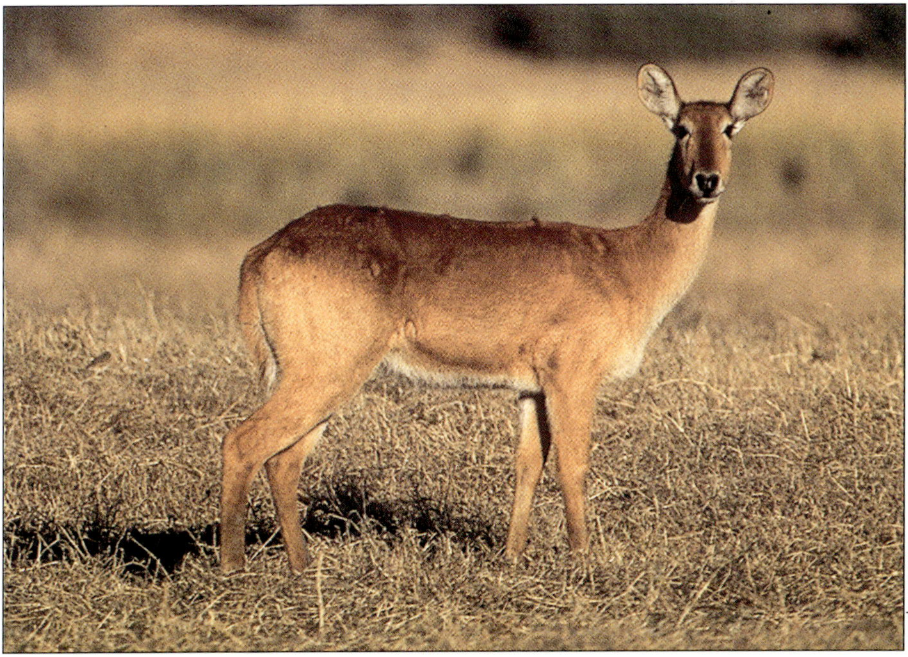

Ulrich Oberprieler

Großriedbock

Reedbuck
Redunca arundinum

Gewicht	♂ ± 80 kg. ♀ ± 70 kg.
Hornlänge	± 30 cm. Rekord 46,67 cm.
Nahrung	Gras.
Lebenserwartung	± 9 Jahre.
Feinde	Tüpfelhyäne, Gepard, Leopard, Löwe, Afr. Wildhund, Python.

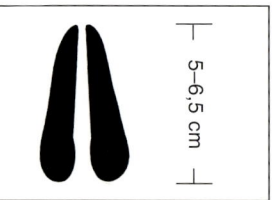

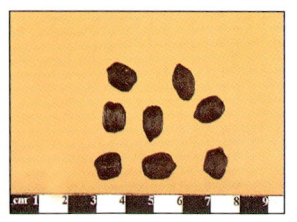

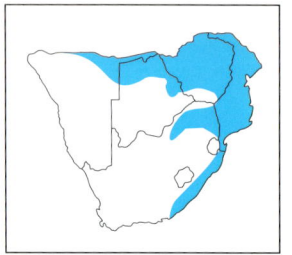

Beschreibung Körperfarbe ein gelbliches Graubraun mit grauweißer Kehle und Unterseite, Vorderkante der Vorderläufe dunkelbraun. Schwanz buschig mit weißer Unterseite. Dunkler Drüsenfleck unter den Ohren. Verwechslungsmöglichkeit mit Impala und Bergriedbock: Impala hat 3 schwarze Streifen auf Schwanz und Keulen sowie rötlichere Körperfarbe, Bergriedbock ist kleiner und grauer und lebt in einem anderen Wohngebiet.

Geschlechtsunterschied Böcke gehörnt und stärker als Ricken.

Habitat Sumpfige Gebiete, Riedbetten, Flussebenen, immer in Wassernähe.

Gewohnheiten Normalerweise paarweise oder in Familiengruppen, auch in größeren Herden während der Wintermonate. Hauptaktivität in den kühleren Tagesstunden sowie nachts, ruhen in der Hitze des Tages in hohem Gras oder Riedbetten. Laufen mit typischer Schaukelpferdbewegung und erhobenem Schwanz und zeigen die weiße Unterseite.

Lautäußerungen Schrilles Alarmpfeifen.

Nachwuchs Ein Lamm wird irgendwann im Jahr nach einer Tragzeit von 7½ bis 8 Monaten geboren.

Auch Riedbock.

♂

♀

Bergriedbock

Mountain Reedbuck
Redunca fulvorufula

Gewicht ♂ 24–36 kg.
♀ 15–34 kg.

Hornlänge
± 14 cm.
Rekord 29,21 cm.

Nahrung Gras. Trinkt regelmäßig.

Lebenserwartung
± 11 Jahre.

Feinde Leopard, Python, Schabrackenhyäne.

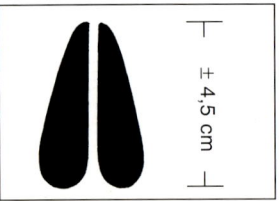

± 4,5 cm

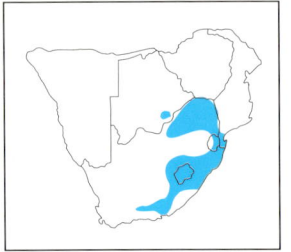

Beschreibung Antilope von mittlerer Grösse mit recht langhaarigem Fell und vorgebogenen Hörnern. Farbe variiert von grau zu rötlichbraun, mit weißer Bauch- und Schwanzunterseite. Schwanz buschig. Dunkle haarlose Drüsenflecken unter den Ohren. Er unterscheidet sich vom Vaal-Rehbock, der grauer und wolliger ist und einen längeren Hals hat, spitze aufrechtere Ohren sowie gerade und spitze Hörner.

Geschlechtsunterschied Böcke etwas größer als Ricken; Ricken sind ungehörnt.

Habitat Steinige Berghänge, Berge und Hügel.

Gewohnheiten Bergriedböcke sind gesellig, sie bilden meist kleinere Gruppen von 3-6 Tieren, doch Herden bis zu 30 Tieren wurden bereits beobachtet. Böcke leben einzeln oder in Junggesellenherden. Es sind neugierige aber vorsichtige Tiere. In der Hitze des Tages wird geruht, geäst wird frühmorgens und spätnachmittags sowie nachts. Laufen in typischer Riedbockmanier mit schaukelnden Sprüngen und aufrechtem Schwanz und zeigen die weiße Unterseite.

Lautäußerungen Schrilles Alarmpfeifen.

Nachwuchs Ein Lamm wird irgendwann im Jahr (vor allem zwischen Dezember und Januar) geboren.

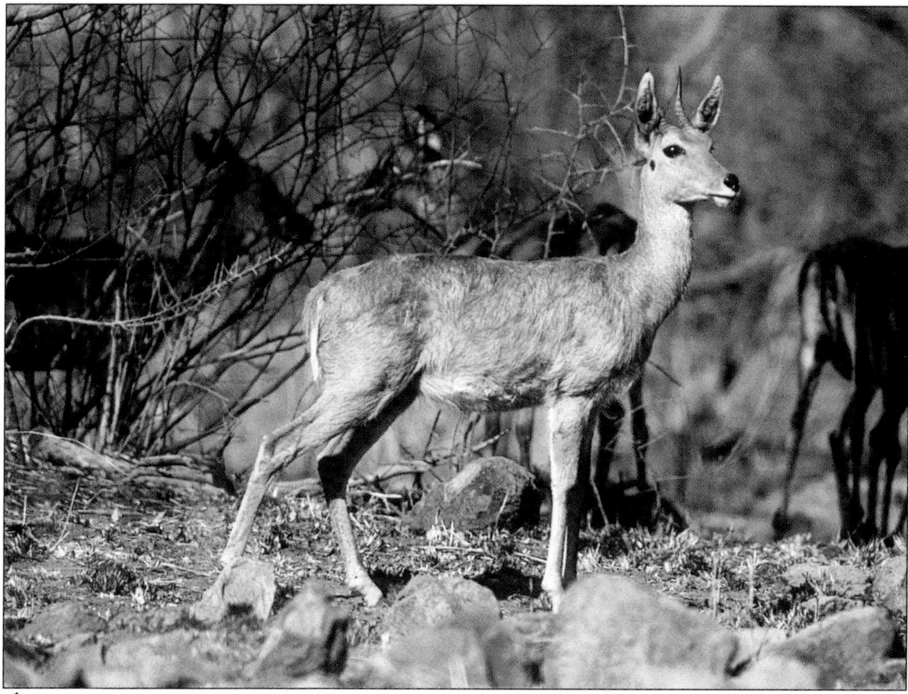

Burger Cillié

♂

♀

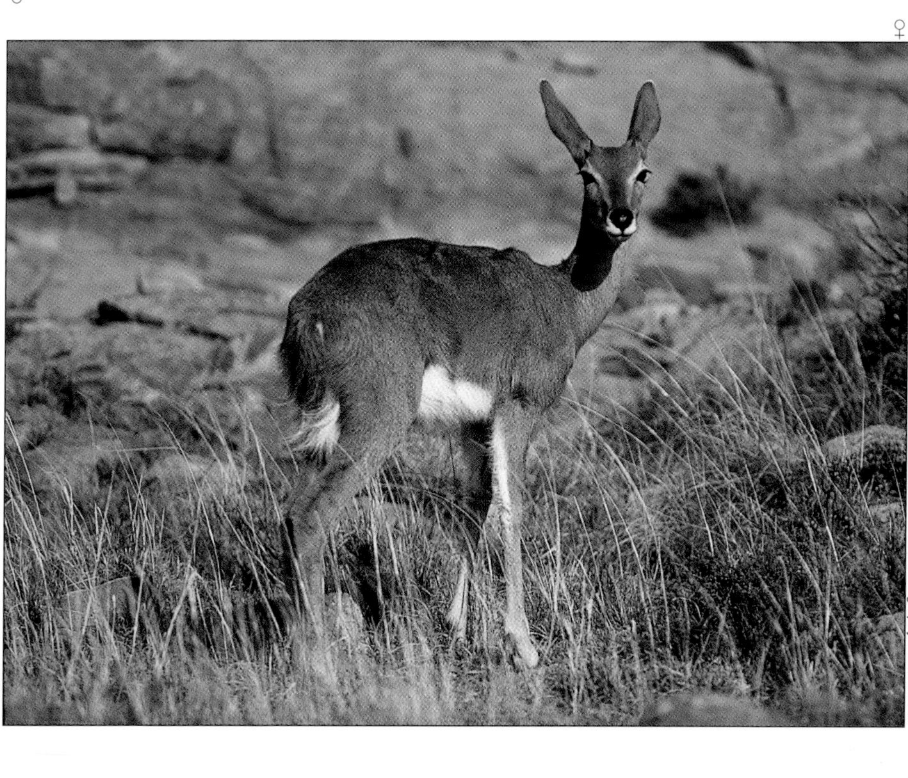

HPH Photography/Photo access

Gewicht	♂ 18–23 kg.
	♀ 18–21 kg.

Hornlänge
± 20 cm.
Rekord 30,16 cm.

Nahrung Ausschließlich Gras.

Lebenserwartung
± 9 Jahre.

Feinde Gepard, Leopard.

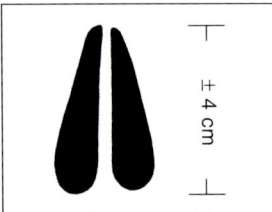

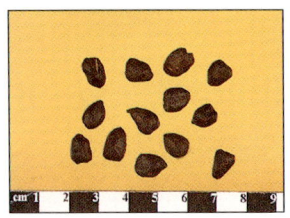

Rehantilope

Grey Rhebok
Pelea capreolus

Beschreibung Die Rehantilope ist eine mittelgroße Antilope von grauer bis graubrauner Farbe mit dichtem, wolligem Fell. Unterseite sowie Schwanzunterseite sind weiß. Der Hals ist ausgesprochen lang und dünn, die Ohren lang, schmal und zugespitzt und stehen beim wachsamen Tier senkrecht, im Unterschied zum Bergriedbock. Die Hörner sind gerade und fast im rechten Winkel zur Stirn, nur in den Hornspitzen bisweilen leicht vorwärts gebogen. Der recht ähnliche Bergriedbock hat einen schwarzen Fleck unter den Ohren und deutlich vorwärts gebogene Hörner.

Geschlechtsunterschied Weibliche Tiere sind ungehörnt und leichter als männliche.

Habitat Offene Berghänge oder Plateaus mit Grasland.

Gewohnheiten Gesellige Tiere, die Gruppen bis zu 12 Tieren bilden. Diese bestehen aus einem Bock sowie mehreren Ricken und Jungtieren. Andere Böcke sind territorial und Einzelgänger. Sie scheinen bis auf die wärmste Tageszeit den ganzen Tag über mit kurzen Ruheperioden aktiv zu sein. Sie sind sehr wachsame Tiere und flüchten bei Gefahr mit wippenden Sprüngen, die weiße Schwanzunterseite zeigend.

Lautäußerungen Schnauben und Alarmhusten, sowie Pfeifen.

Nachwuchs Ein Lamm wird zwischen Dezember und Januar nach einer Tragzeit von etwa 8½ Monaten geboren.

Auch Vaalrehantilope.

♂

♀

Gewicht ♂ 9–12 kg.
♀ 11–16 kg.

Hornlänge
± 8 cm.
Rekord 16,19 cm.

Nahrung Kräuter und bisweilen Gräser.

Lebenserwartung
± 7 Jahre.

Feinde Leopard, Löwe, Karakal, Python.

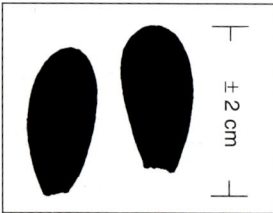

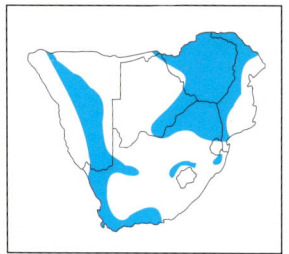

Klippspringer

Klipspringer
Oreotragus oreotragus

Beschreibung Der Klippspringer ist eine kleine Antilope mit dichtem steifem Haar, das einen gewissen Schutz bietet, wenn er an Felsen stößt. Die Farbe variiert von gelb- bis graubraun zu stumpfgrau mit feiner schwarzer Melierung und gewährt eine hervorragende Tarnfärbung in seiner felsigen Umgebung. Die Unterseite ist weiß, der kurze Schwanz gleichfarbig mit dem Körper. Die Voraugendrüse ist als schwarzer tränenformiger Fleck sichtbar. Hörner sind kurz, aufrecht und an den Spitzen leicht vorwärts gebogen.

Geschlechtsunterschied Weibchen tragen keine Hörner und sind körperlich größer als Männchen.

Habitat Immer auf oder in der Nähe von felsigen Hügeln, Kuppen oder Bergen.

Gewohnheiten Klippspringer leben meist paarweise oder in Familiengruppen, bisweilen alleine. Man sieht sie oft wie Statuen auf hohen Felsen stehen. Sie sind sehr flink, springen gekonnt und bewegen sich schnell und sicher steile Felswände hinauf, unterstützt dadurch, dass sie sich auf den äußersten Hufspitzen bewegen. Frühmorgens und spätnachmittags sind aktive Zeiten, geruht wird in den heißen Tagesstunden.

Lautäußerungen Lautes keuchendes Pfeifen als Warnruf.

Nachwuchs Ein Lamm wird irgendwann im Jahr nach einer Tragzeit von 7 bis 7½ Monaten geboren.

♂

♀

Kapgreisbock

Cape Grysbok
Raphicerus melanotis

Gewicht 9–12 kg.

Hornlänge
± 8 cm.
Rekord 13,34 cm.

Nahrung Gräser, Kräuter, Früchte; können lange Zeit ohne Wasser auskommen.

Lebenserwartung
Unbekannt.

Feinde Gepard, Leopard, Löwe, Karakal, Afr. Wildhund.

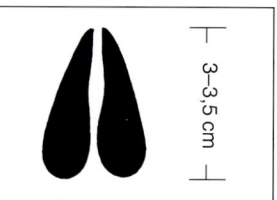

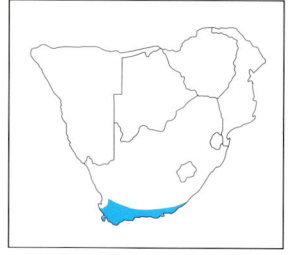

Beschreibung Die Farbe ist ein dunkles, rötliches Braun mit weißen Sprenkeln. Kehle, Unterseite und Innenseite der Beine sind hell gelbbraun. Die großen Ohren sind diamantförmig, die Hörner kurz, gerade und aufrecht. Diese kleine Antilope ist etwas schwerer und dunkler als ihre nahe Verwandte, Sharpe's Greisbock. Vom Steinböckchen unterscheiden es die ausgeprägte Sprenkelung und die Vorliebe für ein Wohngebiet mit dichterem Buschbestand.

Geschlechtsunterschied Nur die Männchen tragen Hörner.

Habitat Buschiges Unterholz entlang Flüssen und in Vorgebirgen.

Gewohnheiten Greisböcke leben außer in der Paarungszeit einzeln. Ihre Bewegungsweise ist langsam und vorsichtig mit gesenktem Haupt. Bei Gefahr legen sie sich flach hin und flüchten erst im letzten Moment. Vorwiegend nachtaktiv, aber auch schon spätnachmittags unterwegs. Die warme Tageszeit verbringen sie im Schutz dichten Unterholzes.

Lautäußerungen Blöken als Angstruf, sonst stumm.

Nachwuchs Ein Lamm wird irgendwann im Jahr nach einer Tragzeit von etwa 7 Monaten geboren.

♂

♀

Burger Cillié

Ulrich Oberprieler

Sharpes Greisbock

Sharpe's Grysbok
Raphicerus sharpei

Gewicht ♂ ± 8 kg.
♀ ± 7,5 kg.

Hornlänge
± 6 cm.
Rekord 10,48 cm.

Nahrung Blätter, Triebe, Wurzeln, Früchte und frisches Gras.

Lebenserwartung
Unbekant.

Feinde Leopard, Karakal.

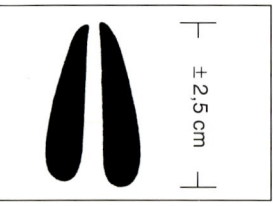

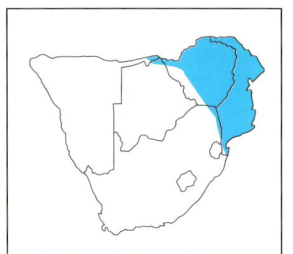

Beschreibung Die Farbe ist ein rötliches Braun mit weißer Sprenkelung des Körpers, aber nicht am Hals und an der Kehle. Die Innenseite der Beine und Unterseite sind weiß, die Hörner sehr kurz und aufrecht. Die kürzeren und gedrungeneren Hörnchen, die insgesamt geringere Größe, hellere Farbe und etwas runderen Ohrspitzen sind die Unterschiede zum Kapgreisböckchen. Stämmigere Körperform und Sprenkelung sowie die Wahl des Territoriums von dichterem Busch unterscheiden es vom Steinböckchen.

Geschlechtsunterschied Ricken etwas größer als Böcke, ohne Hörner.

Habitat Busch und Baumsavanne, Grasland.

Gewohnheiten Einzelgänger außer zur Paarungszeit. Vorwiegend nachtaktiv, äsen an bedeckten Tagen auch morgens und spätnachmittags. In der Hitze des Tages ruhen sie in dichtem Unterholz. Sie flüchten in typischer Weise mit gesenktem Haupt in geduckter Haltung.

Lautäußerungen Blökendes Schreien in Not, sonst stumm.

Nachwuchs Ein Lamm wird irgendwann im Jahr nach einer Tragzeit von etwa 7 Monaten geboren.

♂

♀

Moschusböckchen

Suni
Neotragus moschatus

Gewicht ♂ 4,5–5,2 kg.
♀ 5,1–6,8 kg.

Hornlänge
± 8 cm.
Rekord 13,34 cm.

Nahrung Laub und Blätter. Nicht an Wasser gebunden.

Lebenserwartung
Unbekannt.

Feinde Leopard, Python.

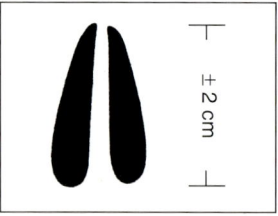

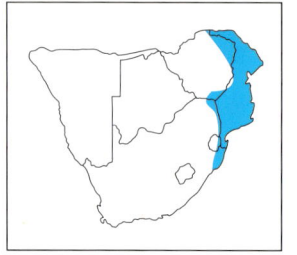

Beschreibung Eine sehr kleine Antilope. Farbe variiert von mattem Hellbraun zu hellem Rotbraun mit feiner weißer Melierung der oberen Körperteile. Kehle, Unterseite und die Beine innen sind weiß. Schwanz lang und dunkel mit weißem Rand und weißer Unterseite. Die Oberlippe steht etwas über der Unterlippe. Die Hörnchen sind kurz, gerade und liegen schräg nach hinten in Linie des Gesichts. Es unterscheidet sich vom Steinböckchen und Kronenducker durch seinen kleineren Bau, kleinere Ohren und die schrägliegenden Hörner.

Geschlechtsunterschied Nur die Böcke tragen Hörner und sind leichter als die Ricken gebaut.

Habitat Dickicht in trockenen Wäldern.

Gewohnheiten Sehr scheu und selten zu sehen. Meist einzeln, aber auch paarweise oder in Familiengruppen. Äsen frühmorgens und spätnachmittags. Bei Störung verhalten sie sich für geraume Zeit zuerst ruhig, ehe sie flüchten. Sie bewegen sich fast lautlos, manchmal verrät sie nur das immer spielende Schwänzchen. Sie benutzen gemeinsame Kotplätze.

Lautäußerungen Schnaufen und hohes "Tschitschi" Pfeifen, ehe sie flüchten.

Nachwuchs Ein Junges wird zwischen August und Februar nach einer Tragzeit von etwa 4 Monaten geboren.

Auch Suni.

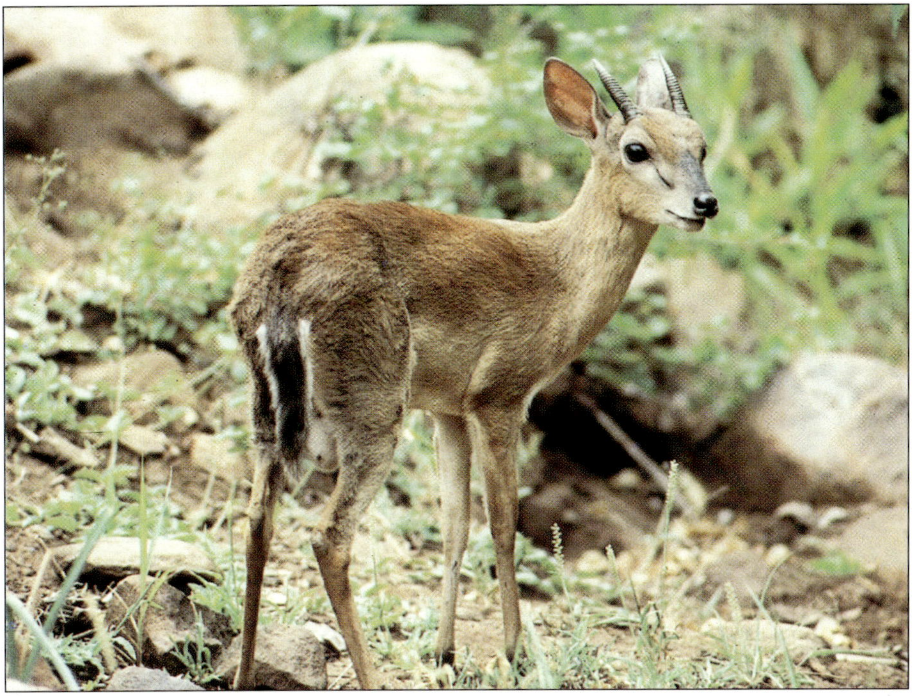

National Parks Board

♂

♀

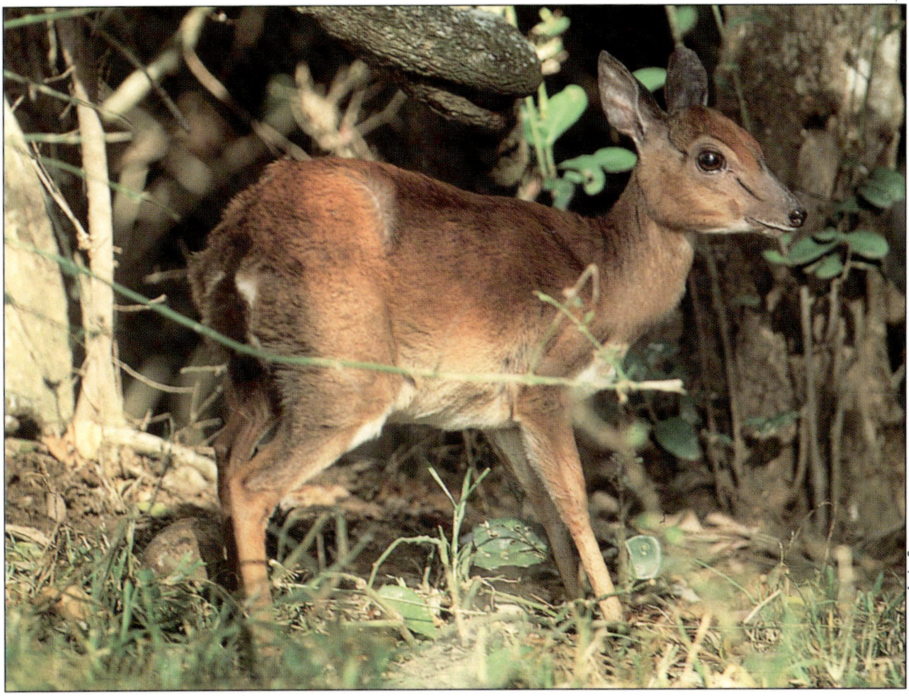

HPH Photography/Photo access

Damara-Dikdik

Damara Dik-dik
Madoqua kirkii

Gewicht 4,3–5,5 kg.

Hornlänge
± 8 cm.
Rekord 10,48 cm.

Nahrung Blattwerk, frisches Gras, wasserunabhängig.

Lebenserwartung
± 9 Jahre.

Feinde Leopard, Löwe, Karakal.

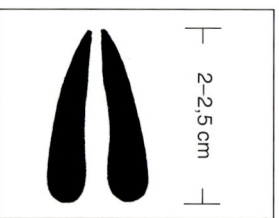

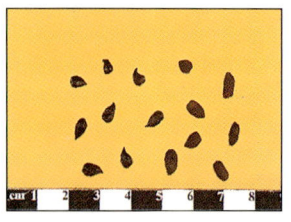

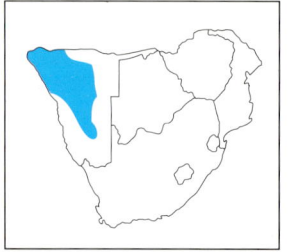

Beschreibung Rücken und Keulen sind fein gesprenkelt graubraun; Hals, Schultern und Flanken sind heller braun. Um die großen Augen, an Kehle und Unterseite sind sie fast weiß. Die Hörner sitzen über den Augen und gehen in der Gesichtslinie schräg nach hinten. Auf der Stirn zwischen den Hörnern wächst ein Haarschopf, der aufgerichtet werden kann. Oberlippe und Nasenflügel sind rüsselartig über die Unterlippe verlängert.

Geschlechtsunterschied Nur Böcke tragen Hörner.

Habitat Bevorzugen dichte Baumsavanne mit Sträuchern und wenig Gras.

Gewohnheiten Dikdiks leben einzeln, paarweise und in Familiengruppen. Zur Trockenzeit sind bis zu 6 Tiere beisammen. Sie äsen frühmorgens, spätnachmittags z.T. bis in die Nacht hinein, die heißen Stunden verbringen sie in tiefem Schatten. Gemeinsame Kothaufen sind gebräuchlich. Bei Gefahr flüchten sie mit bockartigen Sprüngen, bei jedem Sprung laut pfeifend.

Lautäußerungen Hohes vibrierendes Pfeifen und kurzes explosives Pfeifen bei Störung.

Nachwuchs Ein Lamm wird zwischen Dezember und April nach einer Tragzeit von 5½–6 Monaten geboren.

Auch Zwergrüsselantilope.

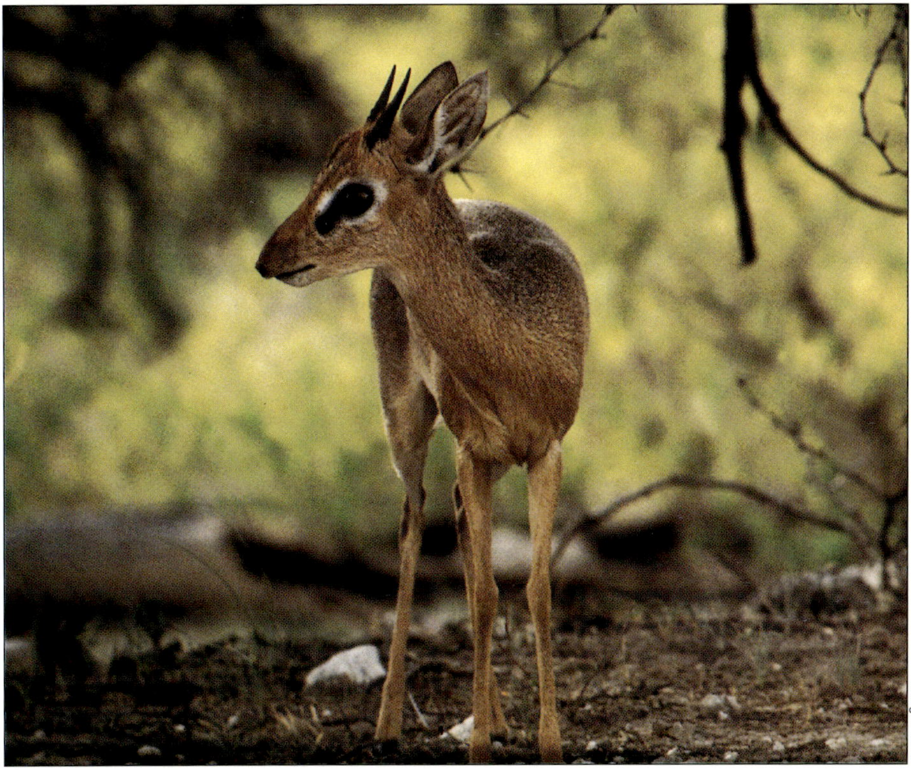
Burger Cillié

♂

♀

Burger Cillié

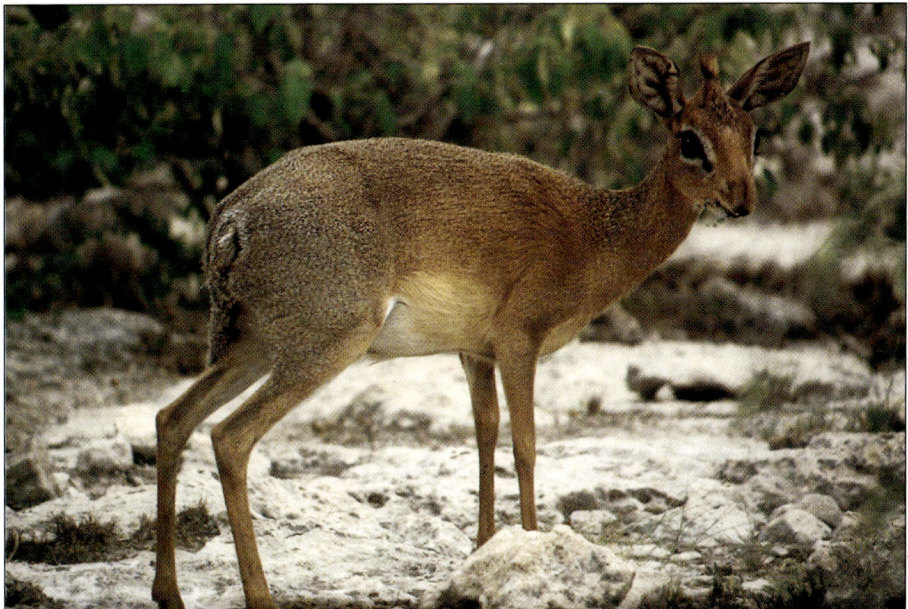

Kronenducker

Grey Duiker, Common Duiker
Sylvicapra grimmia

Gewicht ♂ 15–21 kg.
♀ 17–25 kg.

Hornlänge
± 11 cm.
Rekord 18,1 cm.

Nahrung Blätter, Triebe, Blüten, Früchte und Samen.

Lebenserwartung
± 10 Jahre.

Feinde Leopard, Karakal, Afr. Wildhund, Löwe.

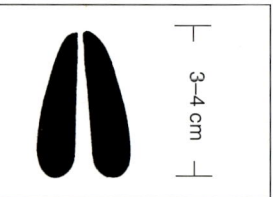

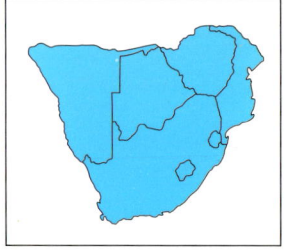

Beschreibung Die Farbe dieser kleinen Antilope variiert von einem gelblichen Graubraun zu einem stumpfen Graubraun mit feinen weißen Sprenkeln. Unterseite und Innenseite der Beine sind weiß. Die Männchen haben einen langen schwarzen Haarschopf auf dem Kopf und einen schwarzen Nasenrücken. Die Beine haben vorne jeweils einen schwarzen Längsstreifen. Der Schwanz ist kurz, schmal und unten weiß.

Geschlechtsunterschied Weibchen etwas stärker als Männchen und ohne Hörner.

Habitat Weit verbreitet, benötigt genügend Busch und Unterholz als Deckung.

Gewohnheiten Kronenducker sind außer während der Paarungszeit Einzelgänger. Sie äsen hauptsächlich frühmorgens und spätnachmittags, manchmal auch nachts. Verbringen die heiße Tageszeit in dichtem Unterholz. Bei Störung verhalten sie sich still, bis der Eindringling fast bei ihnen ist, bevor sie aufspringen und flüchten. Sie laufen mit gesenktem Haupt und in Zickzackbewegung. Kommen noch außerhalb von Naturschutzgebieten vor.

Lautäußerungen Schnauben und näselnder Alarmruf.

Nachwuchs Ein Lamm wird irgendwann im Jahr nach einer Tragzeit von etwa 3 Monaten geboren, selten zwei.

♂

♀

Richard du Toit

Ulrich Oberprieler

Rotducker

Red Duiker
Cephalophus natalensis

Gewicht ♂ ± 10–14 kg.
♀ ± 11–14 kg.

Hornlänge ± 6 cm.
Rekord 11,43 cm.

Nahrung Blätter, Früchte, junge Triebe.

Lebenserwartung ± 12 Jahre.

Feinde Leopard, Löwe, Karakal, Python.

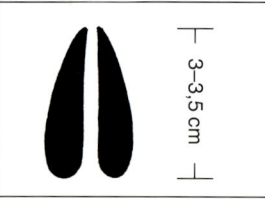

3–3,5 cm

Beschreibung Farbe kastanien- bis rötlichbraun mit hellerer Unterseite. Zwischen den Hörnern wächst ein dunkler Haarschopf. Kehle und innere Ohren sind weiß. Ohren kurz und gerundet mit schwarzem Rand. Schwanz kurz und zum Ende hin dunkler. Beide Geschlechter tragen kurze Hörner, die schräg nach hinten liegen.

Geschlechtsunterschied Wenig, Hörner der Weibchen dünner.

Habitat Feuchter Busch entlang Flußufern, Bergwälder, Dickicht in bergigen Gegenden und Küstenwald, in der Nähe von Wasser.

Gewohnheiten Meist Einzelgänger, zeitweise paarweise oder in kleinen Gruppen. Scheu, hauptsächlich nachtaktiv, bisweilen an kühleren Tagen zu sehen. Lesen gerne Früchte auf, die Affen von den Bäumen fallen lassen. Bei Gefahr suchen sie Deckung in dichtem Busch. Rotducker benutzen gemeinschaftliche Kotstellen.

Lautäußerungen Lauter "Tschi-tschi" Pfiff bei Alarm und pfiffähnlicher Schrei.

Nachwuchs Ein Lamm wird irgendwann im Jahr geboren; die Tragzeit ist unbekannt.

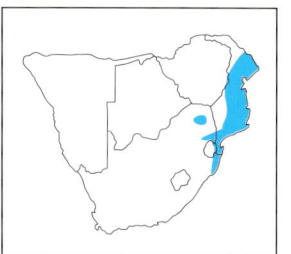

♀

♂

Gewicht ♂ 3,8–5,5 kg.
♀ 4,6–7,3 kg.

Hornlänge
± 3 cm.
Rekord 7,30 cm.

Nahrung Blätter, aber auch Früchte und junge Zweige.

Lebenserwartung
± 7 Jahre.

Feinde Leopard, Python.

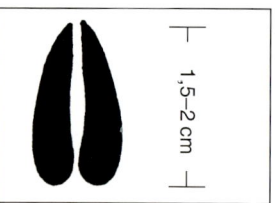

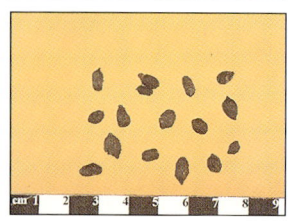

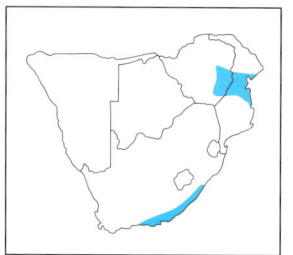

Blauducker

Blue Duiker
Philantomba monticola

Beschreibung Der Blauducker ist unsere kleinste Antilope. Seine Färbung variiert von dunklem, rötlichem Braun zu dunklem Graubraun und ist auf dem Rücken dunkler mit einem blauen Glanz. Unterseite von Kehle über Hals und Bauchseite heller. Die Umgebung der grossen Augen und die Backen sind hellbraun mit dem schwarzen Streifen der Voraugendrüse gut sichtbar. Schwanzunterseite weiß mit äußerlich sichtbarem, weißem Haarsaum. Beide Geschlechter tragen kurze in Gesichtslinie schräg nach hinten liegende Hörner.

Geschlechtsunterschied Männchen leichter als Weibchen.

Habitat Bergrenzt auf Wälder, Dickicht und dicht bewachsene Küstengebiete.

Gewohnheiten Blauducker leben einzeln oder paarweise. Sehr scheu und suchen bei geringster Störung Schutz im dichten Unterholz. Äsen frühmorgens, spätnachmittags und auch nachts. Nachts halten sie sich auch auf offenen Flächen am Waldrand auf. Tagsüber sind sie sehr wachsam und nähern sich offenen Stellen mit großer Vorsicht.

Lautäußerungen Scharfer Alarmpfiff.

Nachwuchs Ein Lamm wird irgendwann im Jahr nach einer Tragzeit von etwa 4 Monaten geboren.

♂

♀

Nigel Dennis/ABPL

Burger Cillié

Blesbock

Blesbok
Damaliscus dorcas phillipsi

Beschreibung Hals und Oberrücken braun, weiter unten dunkler werdend. Bauch, Innenseite der Keulen bis zur Schwanzwurzel sind weiß. Die große weiße Gesichtsblesse und die kleine Blesse zwischen den Augen sind meist getrennt. Lämmer sind viel heller braun. Beide Geschlechter tragen Hörner; die der Weibchen sind dünner und manchmal länger als die der Böcke. Blesböcke sind weniger weiß als Bonteböcke, besonders fehlt der große weiße Spiegel um die Schwanzwurzel, und die Beine sind außen braun. Auch sind die beiden Gesichtsblessen meist getrennt, doch ist letzteres Merkmal nicht verläßlich.

Geschlechtsunterschied Weibchen leichter, mit dünneren Hörnern als Böcke.

Habitat Offene Grasebenen des südafrikanischen Highvelds.

Gewohnheiten Blesböcke bilden Herden, die aus weiblichen Tieren, Kälbern und jungen Böcken bestehen. Ausgewachsene Böcke sind Einzelgänger und territorial. Zur Paarungszeit halten die Böcke eine Herde von Weibchen in ihrem Territorium. Während dieser Zeit finden heftige Kämpfe zwischen Böcken statt. Manchmal ruhen die territorialen Böcke auf Kothügeln. Hauptaktivität frühmorgens und spätnachmittags. Blesböcke haben die Angewohnheit, in langen Reihen zu ziehen.

Lautäußerungen Schnauben und Grunzen.

Nachwuchs Ein Lamm wird zwischen November und Januar nach einer Tragzeit von etwa 8 Monaten geboren.

Gewicht ♂ ± 70 kg.
♀ ± 61 kg.

Hornlänge
± 38 cm.
Rekord 52,39 cm.

Nahrung Ausschließlich Gras.

Lebenserwartung
± 11 Jahre.

Feind Gepard.

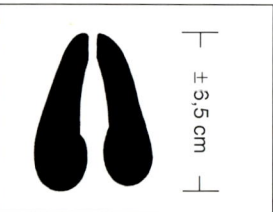

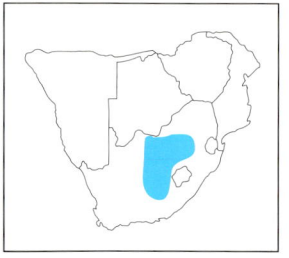

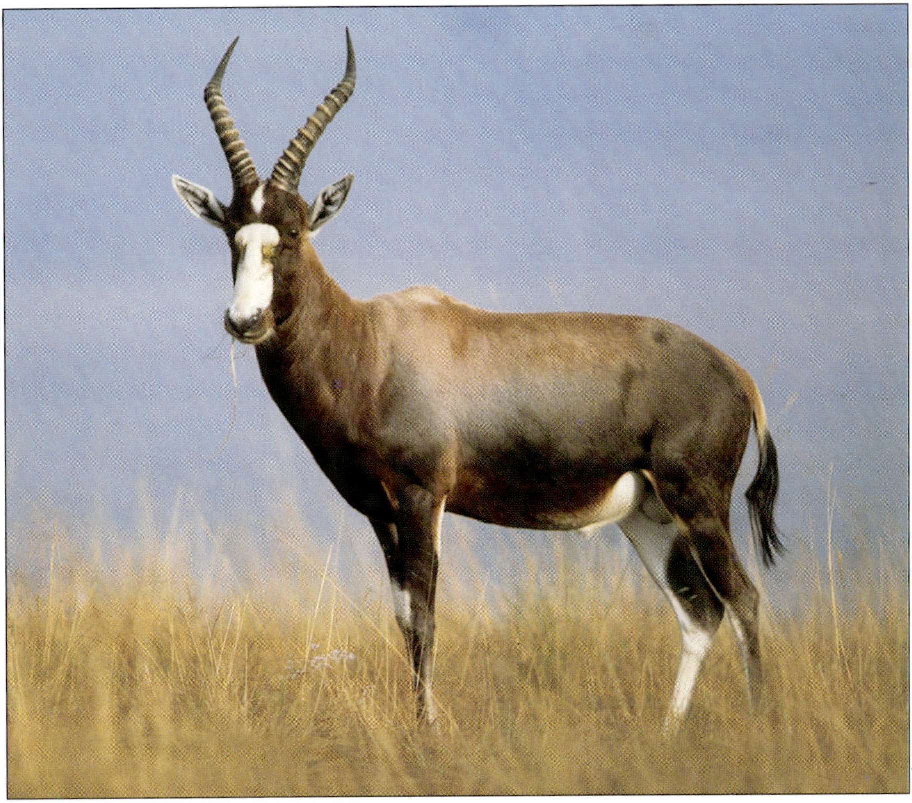

Koos Delport

♂

♀

Heindrich van der Berg

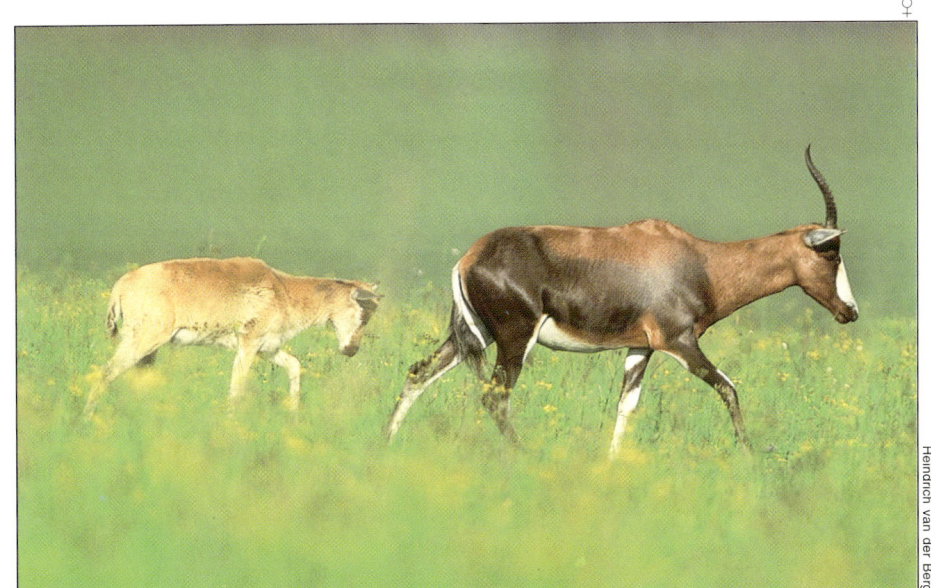

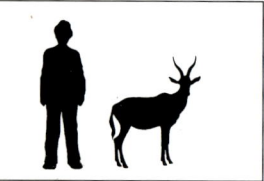

Buntbock

Bontebok
Damaliscus dorcas dorcas

Gewicht	♂ ± 64 kg.
	♀ ± 59 kg.

Hornlänge
± 38 cm.
Rekord 42,55 cm.

Nahrung Ausschließlich Gras.

Lebenserwartung ± 11 Jahre.

Feind Leopard.

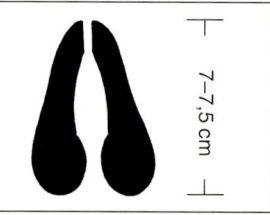

7–7,5 cm

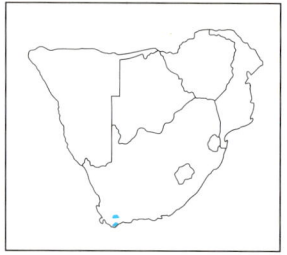

Beschreibung Ein farbenprächtiges Tier, hauptsächlich braun, an manchen Stellen dun-kelbraun und schwarz mit einem violetten Glanz. Die unteren Beine, der Bauch, die inneren Keulen sowie das Fell um die Schwanzwurzel sind weiß. Die weiße Blesse und der weiße Stern zwischen den Hörnern laufen meist ineinander. Beide Geschlechter tragen Hörner. Vom Blesbock unterscheidet sich der Bontebock durch ein mehr weißgeflecktes Fell, besonders auf der Kruppe.

Geschlechtsunterschied Weibchen sind etwas kleiner als Böcke und haben dünnere Hörner.

Habitat Offene Grasflächen im Fynbos.

Gewohnheiten Bonteböcke bilden geschlechtlich getrennte Herden. Manche Böcke sind territoriale Einzelgänger. Kommt eine weibliche Herde zur Paarungszeit in ihr Territorium, werden diese weiblichen Tiere umworben. Der territoriale Bock hat einen Kothaufen, den er regelmäßig aufsucht und auf dem er bisweilen ruht. Geäst wird frühmorgens und spätabends. Eine ehemals bedrohte Art, deren Bestand nun im Bontebok Nationalpark in der Nähe von Swellendam gesichert ist. Überschüssige Tiere werden in anderen Landesteilen ausgesetzt.

Lautäußerungen Schnauben und Grunzen.

Nachwuchs Ein Kalb wird zwischen September und November nach einer Tragzeit von etwa 8 Monaten geboren.

Auch Bontebock.

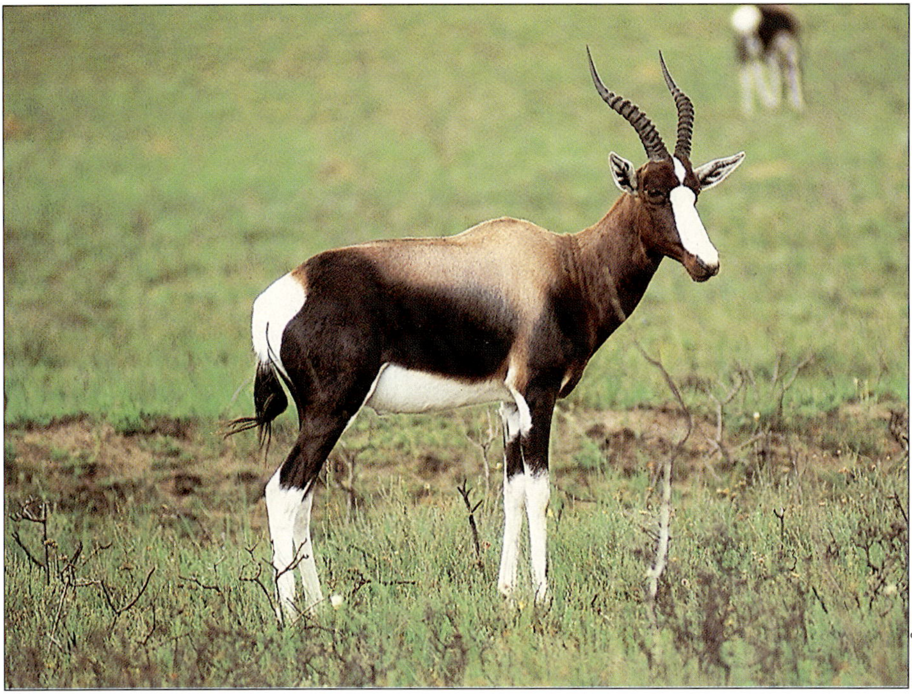

Burger Cillié

♂

♀

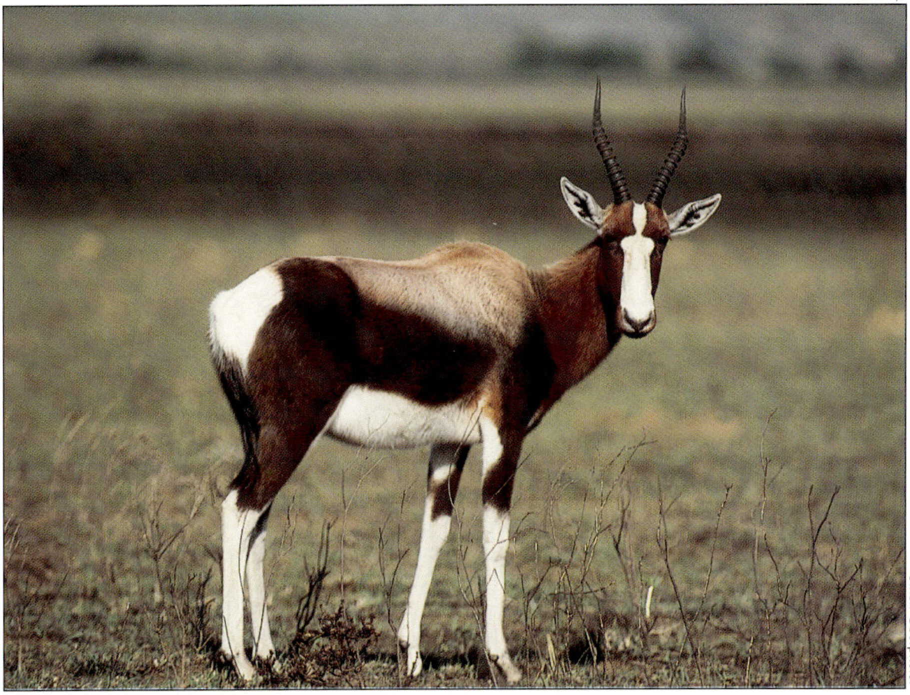

Ulrich Oberprieler

Halbmondantilope

Tsessebe
Damaliscus lunatus

Gewicht	♂ ± 140 kg.
	♀ ± 126 kg.

Hornlänge
± 34 cm.
Rekord 46,99 cm.

Nahrung Vorwiegend Gräser, von Wasser abhängig.

Lebenserwartung ± 15 Jahre.

Feinde Tüpfelhyäne, Gepard, Leopard, Löwe, Afr. Wildhund.

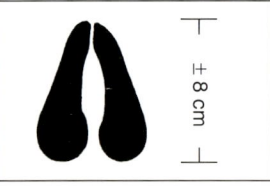

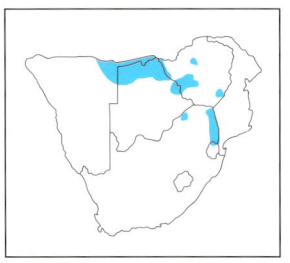

Beschreibung Von dunklem, rötlichem Braun mit metallischem Glanz. Blesse auf der Stirn bis zur Nase. Die Beine sind vom Knie bzw Ellbogen abwärts bis zu den Sprunggelenken schwarz, von dort zu den Hufen hellbraun. Die stark abfallende Rückenlinie ist charakteristisch. Beide Geschlechter gehörnt. Von der Roten Kuhantilope durch die dunkle, weniger rötliche Farbe und kürzeren weiter auseinanderstehenden Hörnern und von Lichtensteins Kuhantilope durch die schwarze Blesse und die schwarzen Fellpartien an den Beinen zu unterscheiden.

Geschlechtsunterschied Kühe kleiner als Bullen.

Habitat Offene Savanne und Grassteppe in umgebender Baumsavanne.

Gewohnheiten Gesellig, bildet kleine Trupps, die entweder aus Weibchen mit Jungen mit oder ohne Bullen oder aus Junggesellentrupps bestehen. Im Winter schließen sich mehrere Trupps zu Herden zusammen. Sie sind sehr neugierig und halten nach kurzer Flucht an, um sich umzusehen. Halbmondantilopen sind als die schnellsten Antilopen dieser Region bekannt. Sie lieben es, mit den Hörnern den Boden zu forkeln, um ihr Territorium zu markieren, besonders nach Regen. Gesellen sich oft zu Zebras und Streifengnus.

Lautäußerungen Schnauben und Grunzen.

Nachwuchs Ein Kalb wird zwischen September und November nach einer Tragzeit von etwa 8 Monaten geboren.

Auch Leierantilope.

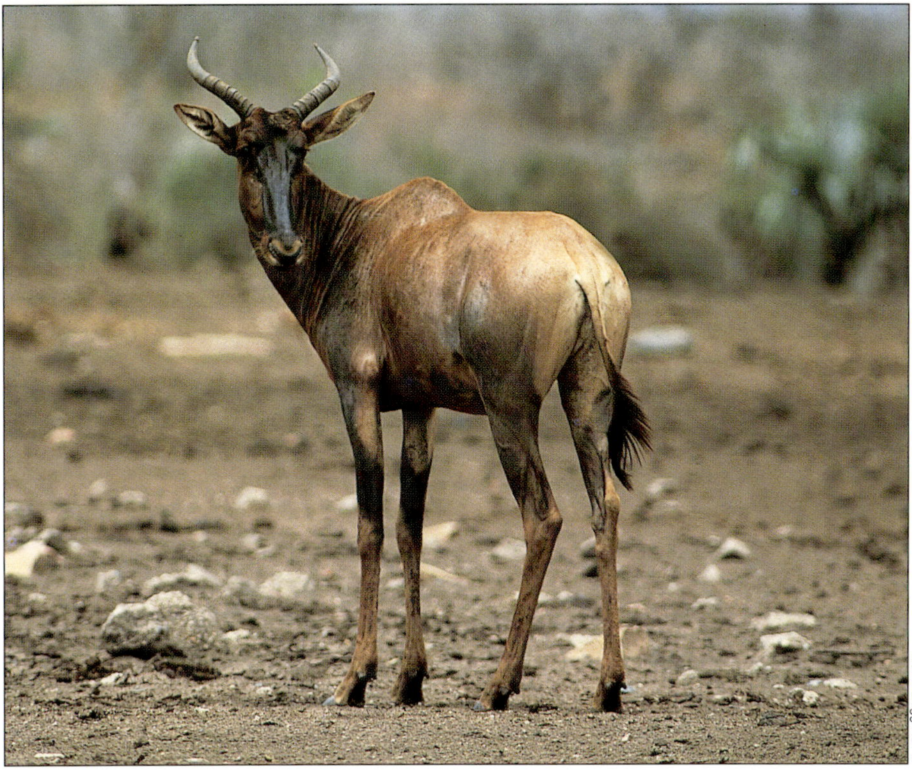

Keith Begg/ABPL

Burger Cillié

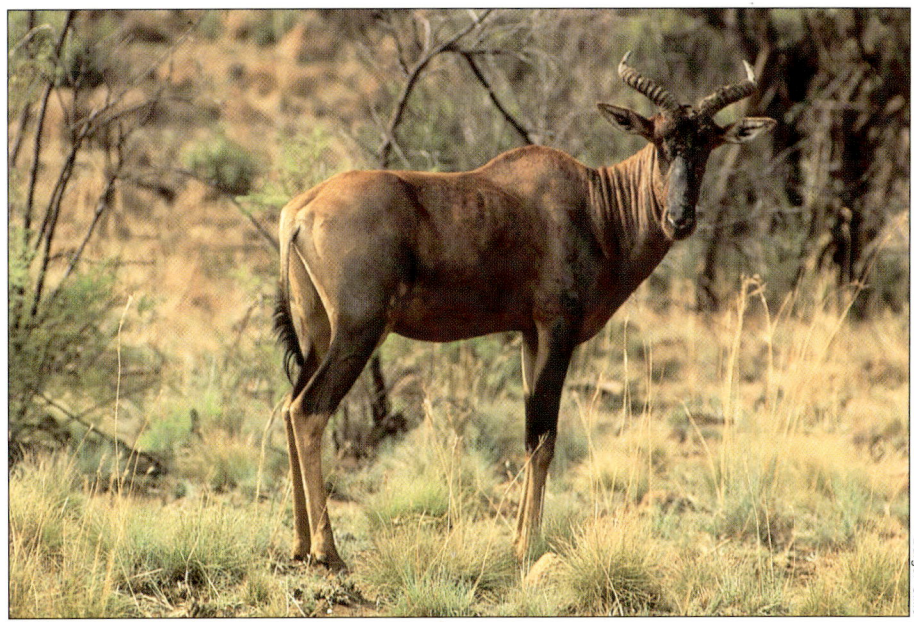

Rote Kuhantilope

Red Hartebeest
Alcelaphus buselaphus

Gewicht ♂ 137–180 kg.
♀ 105–136 kg.

Hornlänge
± 52 cm.
Rekord 74,93 cm.

Nahrung Ausschließlich Gras. Können lange ohne Wasser auskommen.

Lebenserwartung
± 13 Jahre.

Feinde Tüpfelhyäne, Löwe, Leopard, Afr. Wildhund.

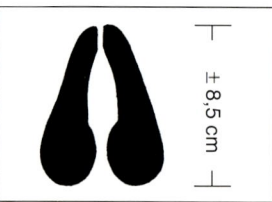

± 8,5 cm

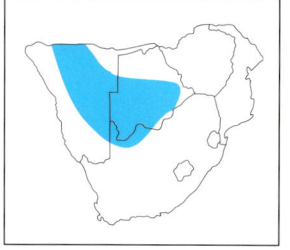

Beschreibung Diese Kuhantilope hat seltsam geformte Hörner und ein langes Gesicht. Färbung: ein glänzendes rötliches Braun. Die Stirn- und Gesichtsblesse, der Schwanz und die Beine sind außen schwarz, während die Hinterkeulen hellbraun sind. Bei ausgeprägtem Widerrist ist die Rückenlinie abfallend. Beide Geschlechter tragen Hörner. Von Lichtensteins Kuhantilope durch seine rötlichbraune Färbung, das schwarze Gesicht und die schwarzen Beine zu unterscheiden. Die Hörner sind halbmondförmig und ihre Körperfarbe ist brauner.

Geschlechtsunterschied Kühe kleiner als Bullen.

Habitat Lichtungen oder Grassteppe in Trockensavanne und halb trockenen Gebieten.

Gewohnheiten Rote Kuhantilopen leben in Herden von 10–30 Tieren, doch in manchen Fällen von mehreren hundert Tieren. Alte Bullen sind Einzelgänger oder schließen sich zu Junggesellenherden zusammen. Kuh- und Jungtierherden werden von einem Bullen geführt. Geäst wird meist frühmorgens und spätnachmittags. Bei gut entwickeltem Geruch – und Gehörsinn ist das Sehvermögen schwach. Sie laufen sehr schnell in graziösem Galopp. Von Natur aus neugierig. Laufen oft eine kurze Distanz, bleiben dann stehen, um sich umzuschauen und kommen sogar manchmal zurück.

Lautäußerungen Ein warnendes Prusten.

Nachwuchs Ein Kalb wird zwischen Oktober und November nach einer Tragzeit von etwa 8 Monaten geboren.

Auch Kap-Hartebeest und Kuhantilope.

Burger Cillié

Riaan Wolhuter

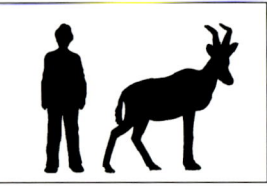

Lichtensteins Kuhantilope

Lichtenstein's Hartebeest
Sigmoceros lichtensteinii

Gewicht ♂ 157–204 kg.
♀ 160–181 kg.

Hornlänge
± 52 cm.
Rekord 61,91 cm.

Nahrung Gras, bevorzugt frisches Gras und Blätter. Trinken regelmäßig.

Lebenserwartung Unbekannt.

Feinde Tüpfelhyäne, Löwe, Leopard, Afr. Wildhund.

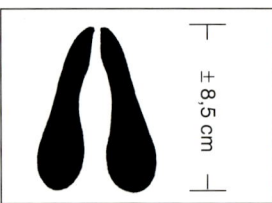

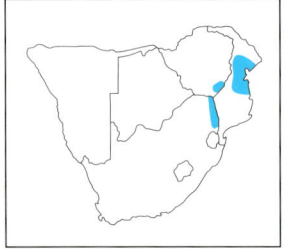

Beschreibung Die Färbung ist ein fahles Gelbbraun oder Kastanienbraun mit helleren Hinterkeulen und hellerem Schwanz. Die Schwanz-quaste und die vorderen und hinteren Schienbeine sind schwarz. Kuhantilopen haben manchmal einen dunklen Fleck hinter der Schulter, weil sie sich mit den Hörnern und dem Kopf dort reiben, nachdem sie auf einer Brandfläche gegrast oder mit den Hörnern im Boden gewühlt haben. Kuhantilopen haben einen stark entwickelten Widerrist, und beide Geschlechter tragen Hörner. Von der Roten Kuhantilope unterscheidet sie sich durch die hellere Färbung, die fehlende schwarze Blesse und das Fehlen der hohen Hornwurzeln.

Geschlechtsunterschied Kühe kleiner als Bullen.

Habitat In der Nähe von Sumpfgebieten; trockene Flutebene und Waldsavanne.

Gewohnheiten Herden von 3–15 Tieren mit einem dominierenden Bullen, Kühen und Jungtieren. Andere Bullen bilden Junggesellenherden oder werden Einzelgänger. Sie rasten während der heißen Tageszeit und äsen, wenn es kühler wird. Besitzen gutes Sehvermögen, jedoch einen schlechten Geruchssinn. Bullen nehmen Beobachtungsposten auf Termitenhügeln ein, wo sie gutes Sichtfeld haben, doch selbst auch gut sichtbar sind. Dies wird als ein Hauptgrund angeführt, weshalb Lichtensteins Kuhantilopen in Südafrika ausgeschossen worden sind. Seit 1985 wieder in den Krüger Nationalpark eingeführt.

Lautäußerungen Brüllen oder nießendes Schnauben.

Nachwuchs Ein Kalb wird zwischen Juni und September nach einer Tragzeit von etwa 8 Monaten geboren.

♂

♀

Burger Cillié

Gewicht ♂ ± 180 kg.
♀ ± 140 kg.

Hornlänge
± 52 cm.
Rekord 74,61 cm.

Nahrung Vorwiegend Gras und bisweilen Karoobusch.

Lebenserwartung
± 20 Jahre.

Feinde Keine.

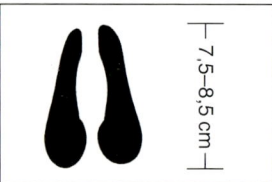

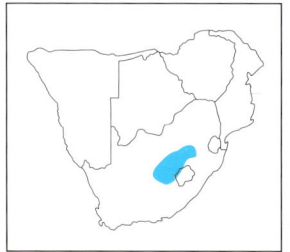

Weißschwanzgnu

Black Wildebeest
Connochaetes gnou

Beschreibung Rinderähnliches Tier mit ungewöhnlichen Hörnern, einem Bart und einer Bürste auf der Nase. Farbe dunkelbraun mit fast weißem Schwanz. Kälber von einfarbig hellbrauner Färbung. Sehr hoher Widerrist, dadurch wirkt die Rückenlinie abfallend. Beide Geschlechter tragen Hörner, die erst nach vorne und unten und dann senkrecht nach oben gebogen sind. Unterscheidungsmerkmale zum Streifengnu sind der weiße Schwanz, geringere Grösse und die typische, nach vorne gerichtete Hornform.

Geschlechtsunterschied Kühe kleiner als Bullen.

Habitat Offenes Grasland.

Gewohnheiten Kommen nur im südlichen Afrika vor. Bilden Herden von 6–50 Tieren, entweder Kühe mit Kälbern oder Junggesellenherden. Äsen frühmorgens und spätnachmittags. Wenn es kalt ist, äsen sie während des ganzen Tages. Bisweilen "knieen" sie auf den Vorderläufen beim Fressen. Rasten während der heißen Tageszeit. Bullen sind während der Paarungszeit sehr aggressiv beim Verteidigen ihrer Gebiete. Kämpfe kommen häufig vor. Weißschwanzgnus gesellen sich oft zu anderen Tieren.

Lautäußerungen Lautes, schnaubendes Brüllen.

Nachwuchs Ein Kalb wird zwischen November und Dezember nach einer Tragzeit von etwa 8½ Monaten geboren.

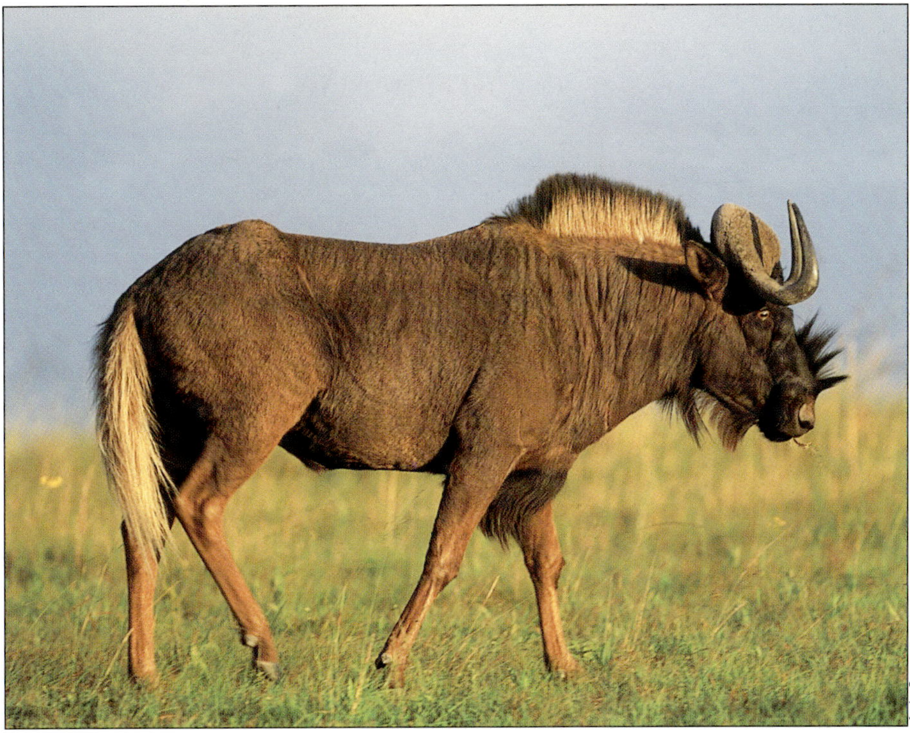

HPH Photography

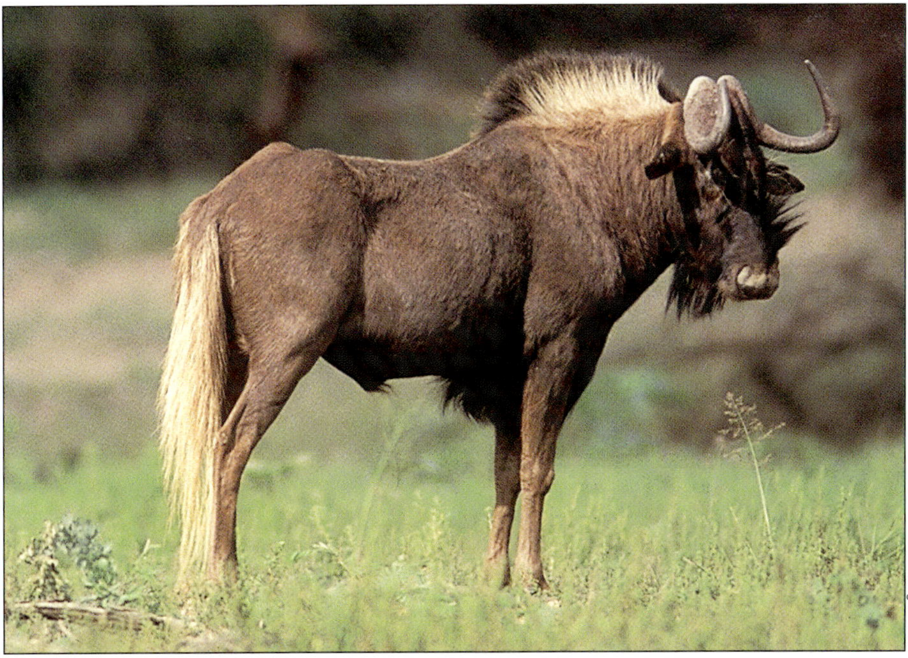

Burger Cillié

Streifengnu

Blue Wildebeest
Connochaetes taurinus

Gewicht ♂ 230–270 kg.	
♀ 160–200 kg.	

Hornlänge
± 60 cm.
Rekord 86,04 cm.

Nahrung Gras.

Lebenserwartung
± 20 Jahre.

Feinde Tüpfelhyäne, Gepard, Leopard, Löwe, Afrikanischer Wildhund.

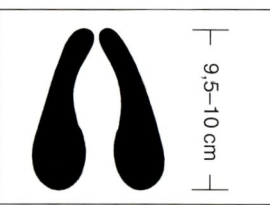

9,5–10 cm

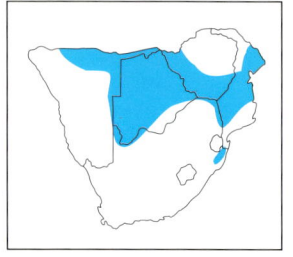

Beschreibung Die Färbung dieses rinderähnlichen Tieres ist dunkles Graubraun mit dunkleren vertikalen Streifen auf Hals und Flanken. Mähne, Bart und langer, pferdeähnlicher Schwanz sind schwarz. Kälber hell rötlichbraun mit kurzen aufrechten Hörnern. Beide Geschlechter tragen Hörner, die seitlich auf- und einwärts gebogen sind. Das Streifengnu ist grösser als das Weißschwanzgnu und kommt nicht in den Grassteppen des Highveld vor. Letzteres hat zum Unterschied einen weißen Schwanz und nach vorne gerichtete Hörner.

Geschlechtsunterschied Kühe wesentlich leichter als Bullen.

Habitat Offenes Buschveld mit viel Gras und Wasser.

Gewohnheiten Das Streifengnu ist ein geselliges, tagaktives Tier. Herden bestehen aus 20–30 Tieren, vorwiegend Kühe mit Kälbern, geführt vom Herdenbullen. Junggesellenherden und weit größere Herden kommen vor. Äsen, wenn es kühl ist und ruhen zur warmen Tageszeit; ständig in Bewegung auf Suche nach guter Weide. Gesellen sich gerne zu Steppenzebras. Zur Paarungszeit besetzen Bullen ihr bestimmtes Territorium. Typischerweise schütteln sie die Köpfe, schlagen die Schwänze, laufen eine kurze Distanz und bleiben dann stehen, um zurückzuschauen.

Lautäußerungen Schnauben und Brüllen. Kälber meckern oder geben einen "Hann" Ton von sich.

Nachwuchs Ein Kalb wird zwischen November und Februar nach einer Tragzeit von etwa 8½ Monaten geboren, bisweilen 2 Kälber.

Auch Blaues Gnu.

♂

♀

Afrikanischer Büffel

Buffalo
Syncerus caffer

Gewicht ♂ 750–820 kg.
♀ 680–750 kg.

Hornlänge
± 100 cm.
Rekord 162,56 cm.

Nahrung Vorwiegend Gras, auch Triebe und Blätter.

Lebenserwartung
± 23 Jahre.

Feind Löwe.

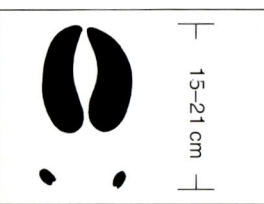

15–21 cm

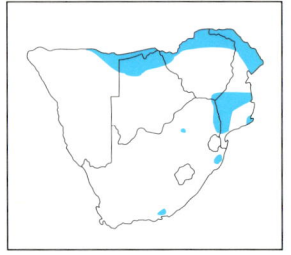

Beschreibung Die Farbe der Kälber ist ein helles Rotbraun, das mit zunehmendem Alter dunkler wird, bis es bei Bullen grauschwarz wird. Bei Kühen bleibt bisweilen ein rotbrauner Schimmer zurück. Afrikanische Büffel wälzen sich gerne im Schlamm und nehmen daher oft die Bodenfarbe der Umgebung an. Beide Geschlechter tragen Hörner; die der Bullen sind wesentlich größer mit breiten Verknorpelungen, die sich im Alter auf der Stirn schließen.

Geschlechtsunterschied Bullen sind körperlich größer und schwerer als Kühe und haben größere Hörner.

Habitat In allen Savannentypen nahe am Wasser zu finden.

Gewohnheiten Gesellige Tiere, bilden Büffelherden bis zu mehreren hundert Tieren. Sie grasen nachts und in den kühleren Tagesstunden und ziehen es vor, an offenen Stellen zu schlafen. Bei hervorragendem Geruchssinn sind Seh- und Hörvermögen weniger gut entwickelt. Diese neugierigen Tiere sind normalerweise friedlich, können jedoch sehr aggressiv werden. Sie haben den Ruf, wenn sie angeschossen sind, einen Bogen zu schlagen und dem Jäger aufzulauern und anzugreifen. Büffel gelten daher als gefährliches Wild.

Lautäußerungen Brüllen wie Rinder.

Nachwuchs Ein Kalb wird zwischen August und Februar nach einer Tragzeit von etwa 11 Monaten geboren.

Auch Kaffernbüffel.

♂

♀

Steppenzebra

Burchell's Zebra
Equus burchelli

Gewicht ♂ 290–340 kg.
♀ 290–325 kg.

Nahrung Gras und gelegentlich Blätter.

Lebenserwartung ± 35 Jahre.

Feinde Tüpfelhyäne, Löwe, Gepard.

Beschreibung Pferdeähnlich mit weißer Grundfärbung und schwarzen Streifen, die mit helleren Schattenstreifen abwechseln. Das Streifenmuster ist für jedes Tier individuell verschieden. Die Streifen werden zu den Hufen hin heller bzw. laufen aus. Zum Unterschied zu den Bergzebras sind diese Zebras auch auf der Bauchseite gestreift, sie haben keine Halswamme, eine längere Mähne und kleinere Ohren.

Geschlechtsunterschied Hengste meist schwerer als Stuten.

Habitat Offene Grassavanne mit genügend Wasser.

Gewohnheiten Steppenzebras bilden Familienverbände von 4–9 Tieren, bestehend aus einem Hengst, einigen Stuten und Jungtieren. Der Hengst verteidigt seine Herde gegen Rivalen und Raubtiere durch Treten und Beißen. Als tagaktive Tiere bewegen sie sich über große Entfernungen zur Nahrungssuche. Ihre Sinne sind gut entwickelt, und sie lieben Staubbäder. Man findet Zebras oft in Gesellschaft mit Streifengnus.

Lautäußerungen Ein wiederholtes "Kua-ha-ha" Wiehern, gefolgt von einem Pfeifton beim Luftholen.

Nachwuchs Ein Fohlen wird irgendwann im Jahr (doch vor allem im Sommer) nach einer Tragzeit von etwa 12½ Monaten geboren.

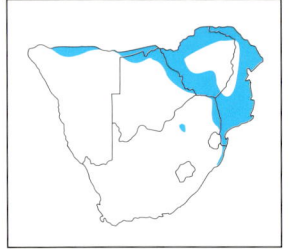

Burger Cillié

Beth Peterson/African Images

Kapbergzebra

Cape Mountain Zebra
Equus zebra zebra

Gewicht ♂ 250–260 kg.
♀ 204–257 kg.

Nahrung Gras und gelegentlich Blätter.

Lebenserwartung ± 35 Jahre.

Feinde Keine.

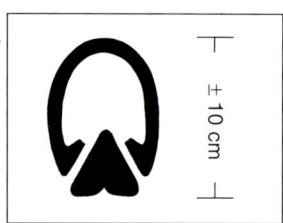

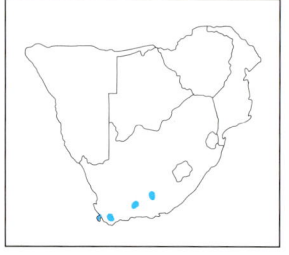

Beschreibung Körper weiß mit schwarzen Streifen. Diese Streifen enden in einer parallelen Linie weit unten an den Flanken, das Bauchfell bleibt weiß. Streifen gehen deutlich an den Beinen herunter bis zu den Hufen. Gleich über den schwarzen Nüstern ist eine rostbraune Schattierung. Eine weiße Wamme am Hals, der weiße Bauch und die vollständig gestreiften Beine charakterisieren dies Zebra. Dagegen hat das Burchell oder Steppenzebra oft Schattenstreifen. Das Hartmann Bergzebra ist schwerer gebaut, und die Streifen auf den Keulen sind schmaler als die des Kapbergzebras.

Geschlechtsunterschied Hengste meist größer als Stuten.

Habitat Bergiges Gebiet mit Wasser.

Gewohnheiten Gesellige Tiere. Herden bestehen aus einem Hengst, Stuten und Jungtieren. Andere Hengste sind Einzelgänger oder bilden Junggesellenherden. Familienmitglieder bleiben meist ihr Leben lang bei einer Herde. Sie sind frühmorgens und spätnachittags aktiv, während der übrigen Zeit ruhen sie, nicht unbedingt im Schatten. Sie lieben Staubbäder. Fordert ein junger Hengst den Herdenhengst heraus, kommt es zu heftigen Kämpfen, bei denen sich die Gegner beißen und treten.

Lautäußerungen Schnauben oder schriller Alarmruf bei Gefahr.

Nachwuchs Ein Fohlen wird irgendwann im Jahr nach einer Tragzeit von etwa 12 Monaten geboren.

♀

♂

Burger Cillié

Burger Cillié

Hartmann's Bergzebra

Hartmann's Mountain Zebra
Equus zebra Hartmannae

Gewicht ♂ 270–330 kg.
♀ 250–300 kg.

Nahrung Gräser, Blätter, Baum- und Strauchknospen.

Lebenserwartung
± 35 Jahre.

Feinde Tüpfelhyäne, Löwe, Gepard.

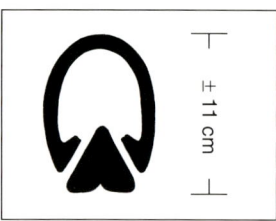

± 11 cm

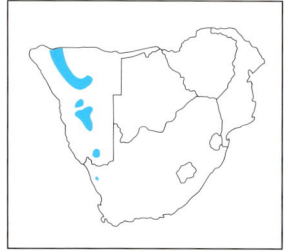

Beschreibung Die schwarzen Streifen dieser pferdeähnlichen Tiere fallen als Kontrast zum gelbweißen Hintergrund auf. Die Streifen laufen deutlich an den Beinen herunter bis zu den Hufen. Sehr typisch ist die Wamme und die rostbraune Schattierung direkt über den Nüstern. Vom Steppenzebra unterscheiden sie sich, weil sie keine schwächer getönten Zwischenstreifen haben, wohl aber die Wamme und den weißen Bauch. Sie sind größer als das Kapbergzebra und normalerweise sind die Streifen auf den Beinen etwas schmaler.

Geschlechtsunterschied Hengste etwas schwerer als Stuten.

Habitat Steinige und bergige Gegenden.

Gewohnheiten Diese Bergzebras leben in kleinen Gruppen, die normalerweise aus einem Hengst mit seiner Familie bestehen. Andere Gruppen bestehen nur aus Hengsten. Sie sind sehr an die Gruppe gebunden und bleiben gewöhnlich ihr ganzes Leben in ihrem Gruppenverband. Sie weiden während der kühlen Tageszeiten und ruhen über Mittag im Schatten. Hartmanns Bergzebra genießen Staubbäder. Gelegentlich kämpfen Hengste untereinander, beißen und schlagen wild aus.

Lautäußerungen Schnauben und schriller Warnruf.

Nachwuchs Ein Fohlen wird irgendwann im Jahr (vor allem im Sommer) nach einer Tragzeit von etwa 12 Monaten geboren.

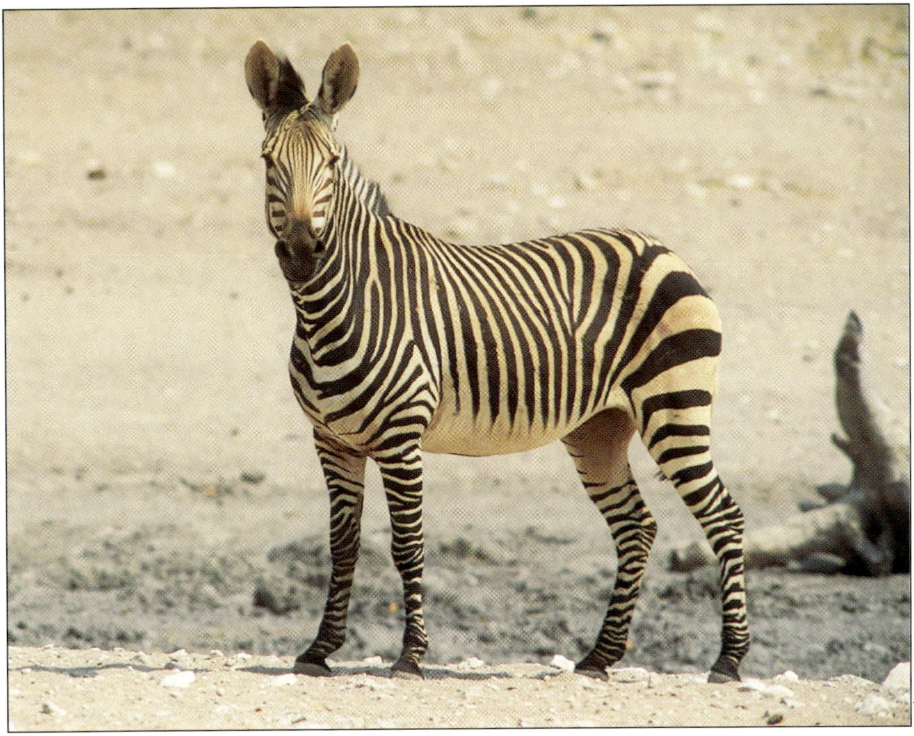

Koos Delport

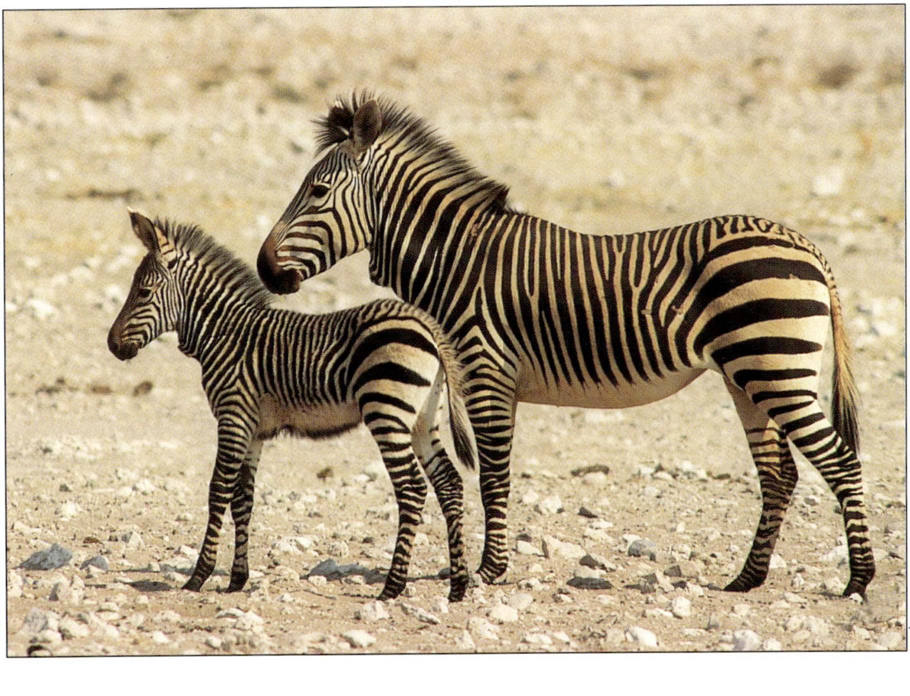

Koos Delport

Warzenschwein

Warthog
Phacochoerus africanus

Gewicht ♂ 60–100 kg.
♀ 45–70 kg.

Zahnlänge
± 30 mm.
Rekord 60–96 mm.

Nahrung Gras, Fallobst, z.B. Marulas, graben nach Wurzeln.

Lebenserwartung
± 20 Jahre.

Feinde Löwe, Gepard, Afrikanischer Wildhund.

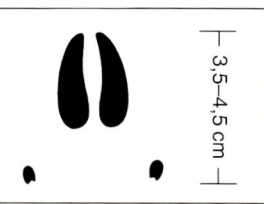

3,5–4,5 cm

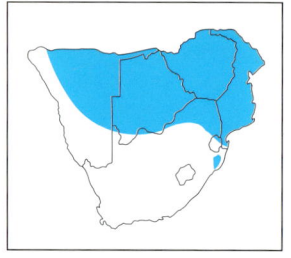

Beschreibung Warzenschweine haben ausgeprägte weiße Barthaare und Warzen seitlich am Kopf. Der graue Körper ist spärlich mit langem Haar bedeckt und die dunkle Borstenmähne weist hellere Spitzen auf. Der Schwanz endet in einer kleinen schwarzen Quaste. Warzenschweine haben große Hauer, die seitlich über der breiten Schnauze in einem Bogen herauswachsen. Vom Buschschwein ist es durch die breitere Schnauze, lange gebogene Hauer und ausgeprägte Warzen und graue Färbung zu unterscheiden. Buschschweine sieht man viel seltener als Warzenschweine.

Geschlechtsunterschied Männchen oder Keiler wesentlich stärker als Weibchen oder Bachen. Keiler haben 2 Paar Warzen und größere Hauer als die Bachen, die nur ein Paar Warzen und kleinere Hauer besitzen.

Habitat Savanne mit Lichtungen um Pfannen und Wasserlöcher.

Gewohnheiten Warzenschweine sind Tagtiere und bilden Familien bzw. Junggesellentrupps von 4–10 Tieren; bisweilen Einzelgänger; leben in alten Erdferkelbauen, in die sie sich rückwärts einschieben und die sie vorwärts verlassen; können sich gegen Wildhunde und Geparde verteidigen, nicht jedoch gegen Löwen; graben gerne und suhlen oft, laufen typischerweise mit hoch erhobenem Schwanz, ähnlich einer Antenne. Äsen und graben kniend sie auf den Vorderbeinen.

Lautäußerungen Knurren, Grunzen und Schnauben.

Nachwuchs Ein bis acht Junge (Frischlinge) werden zwischen September und Dezember nach einer Tragzeit von etwa 5½ Monaten geboren.

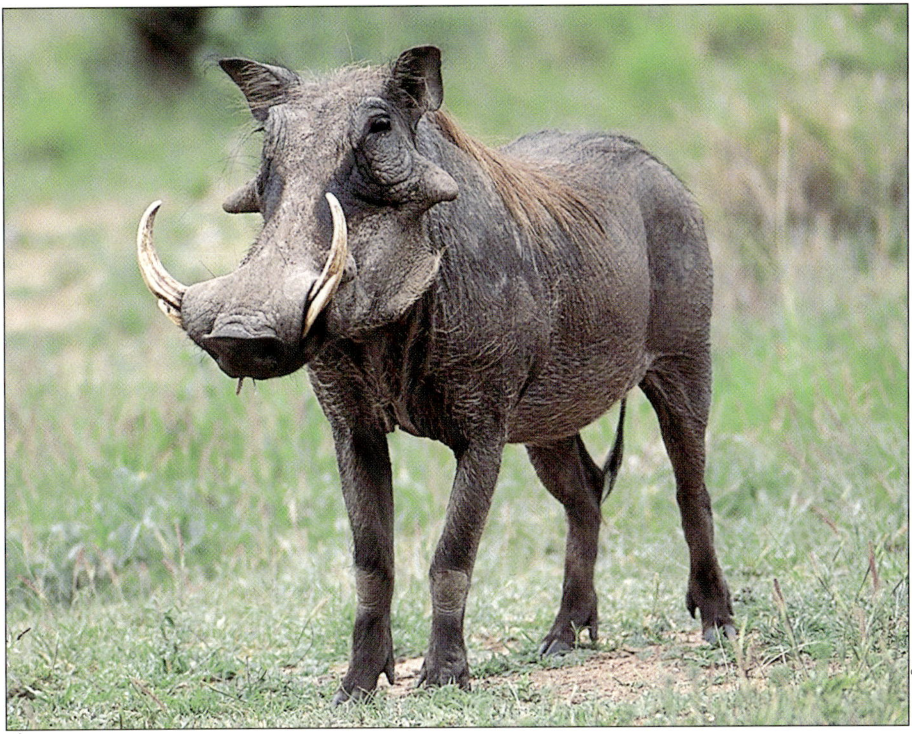

Burger Cillié

♂

♀

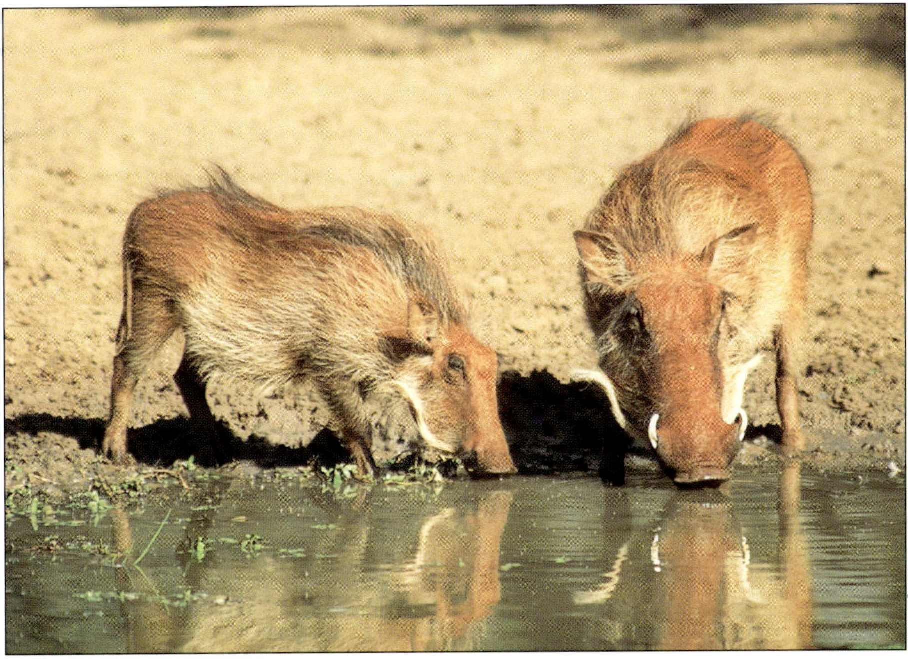

Burger Cillié

Buschschwein

Bushpig
Potamochoerus Larvatus

Gewicht ♂ 46–82 kg.
♀ 48–66 kg.

Zahnlänge
± 11cm.
Rekord 30,16 cm.

Nahrung Graben nach Wurzelstöcken von Gräsern und anderem. Allesfresser.

Lebenserwartung
± 20 Jahre.

Feind Leopard.

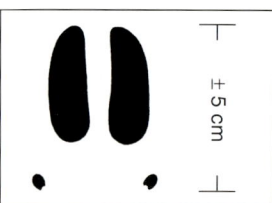

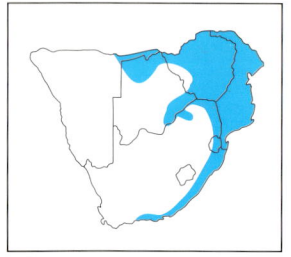

Beschreibung Schweine mit dichten Borsten, dem Hausschwein ähnlich. Grau bis dunkelbraun, im Alter nachdunkelnd. Die hellere Rückenmähne wird bei Erregung gesträubt. Auch die obere Gesichtshälfte ist heller und weist bei Keilern große Warzen auf. Beine und Körper sind im unteren Teil schwarz. Die Ohrspitzen haben helle Haarpinsel. Nicht sehr lang aber, messerscharf sind die Eckzähne, Frischlinge (Junge) werden mit deutlichen weißen Längstreifen geboren. Die dichte braune Behaarung, die zugespitzten Pinselohren und die keilförmige Schnauze unterscheiden das Buschschwein vom Warzenschwein.

Geschlechtsunterschied Keiler schwerer als Bachen.

Habitat Bevorzugen Dickicht. Unterholz entlang Flußufern, und Riedgras.

Gewohnheiten Buschschweine bilden Rotten (Gruppen) von 6–12 Tieren, mit jeweils einer dominanten Bache und einem dominanten Keiler, weiteren Bachen und Jungtieren. Nachtaktiv, selten am Tage zu sehen, und ruhen im Schutz von Dickicht. Kleine Rotten mit Frischlingen können aggressiv sein. Verwundete Buschschweine sind gefährlich. Sind gute Schwimmer, suhlen wie alle Schweine gerne und graben im Boden nach Nahrung.

Lautäußerungen Bei Alarmruf langes, resonantes Grunzen; grunzen leise bei der Nahrungssuche.

Nachwuchs Zwei bis acht Junge (Frischlinge) werden zwischen November und Januar nach einer Tragzeit von 4 Monaten geboren.

Auch Pinselohrschwein und Flußschwein.

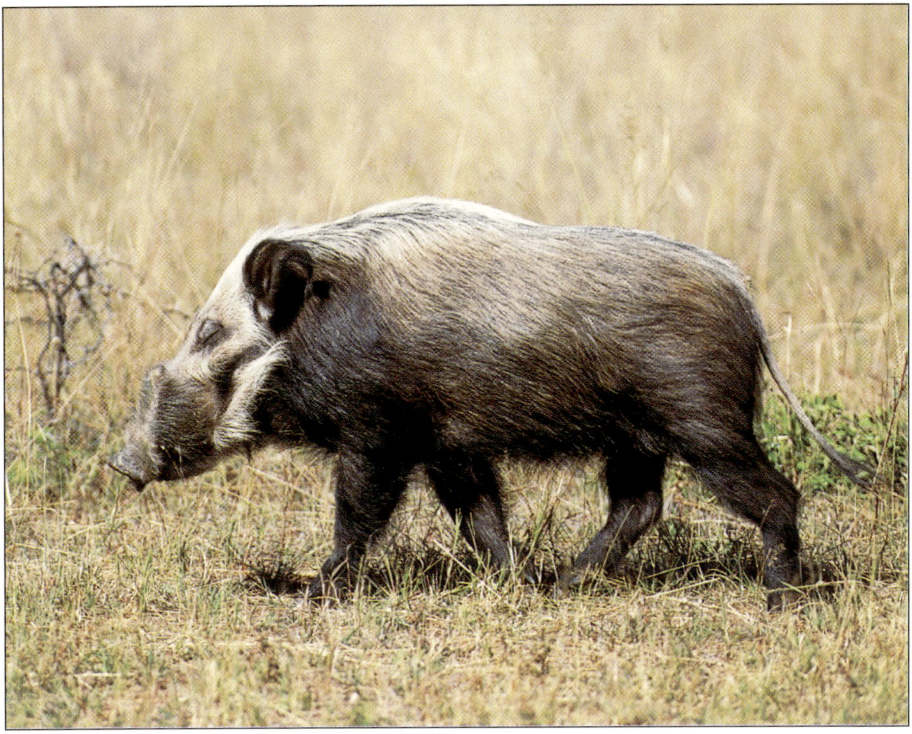

Warwick Tarboton/ABPL

♂

♀

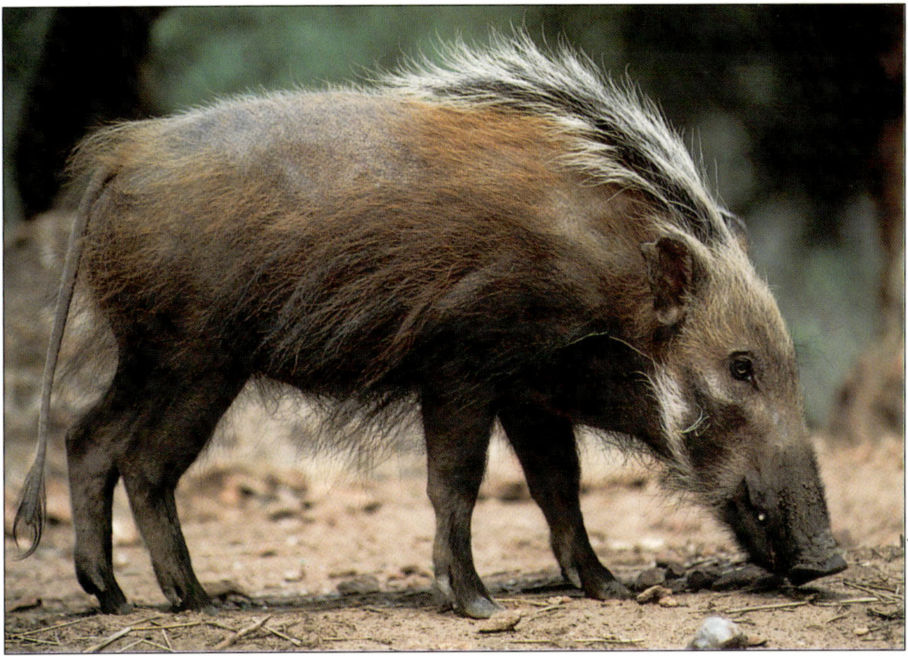

Antony Bannister/ABPL

Giraffe

Giraffe
Giraffa camelopardalis

Gewicht ♂ 970–1 395 kg.
♀ 700–950 kg.

Nahrung Vorwiegend Blätter und auch Gras.

Lebenserwartung ± 28 Jahre.

Feinde Tüpfelhyäne, Gepard, Leopard, Löwe.

Beschreibung Der sehr lange Hals ist das Kennzeichen der Giraffe – der Hals hat 7 Wirbel, genau wie beim Menschen. Die Grundfarbe ist ein gelbliches Weiß, bedeckt mit hellbraunen Flecken, die mit zunehmendem Alter nachdunkeln. Giraffen tragen 2 kurze Hörner, die oben mit schwarzem Haar bedeckt sind. Die obere Gesichtshälfte ist ungefleckt. Sie haben eine Halsmähne aus kurzem, steifem Haar.

Geschlechtsunterschied Kühe meist leichter als Bullen.

Habitat Offene Baumsavanne bis Busch – und Trockensavanne.

Gewohnheiten Giraffen sind tagaktive Tiere, die Herden mit einer relativ lockeren Struktur bilden. Einzelne wechseln häufig und nach Belieben die Herde. Bullen meist Einzelgänger. Ruhen während der heißen Tageszeit. Bewegung im Paßgang. Obwohl sie schwerfällig wirken, galoppieren sie erstaunlich schnell. Kühe verteidigen oft erfolgreich ihre Kälber mit Tritten der Hinter – und Vorderläufe gegen Löwen, was tödlich für dieselben sein kann. Untereinander kämpfen Giraffen, indem sie mit Hälsen und Köpfen gegeneinander schlagen.

Lautäußerungen Meist still, doch Schnauben od. Grunzen bei Alarm.

Nachwuchs Ein Kalb wird irgendwann im Jahr nach einer Tragzeit von etwa 15 Monaten geboren.

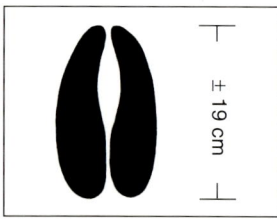

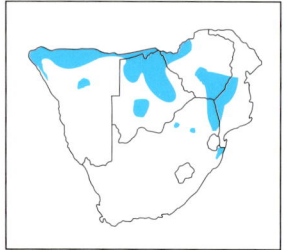

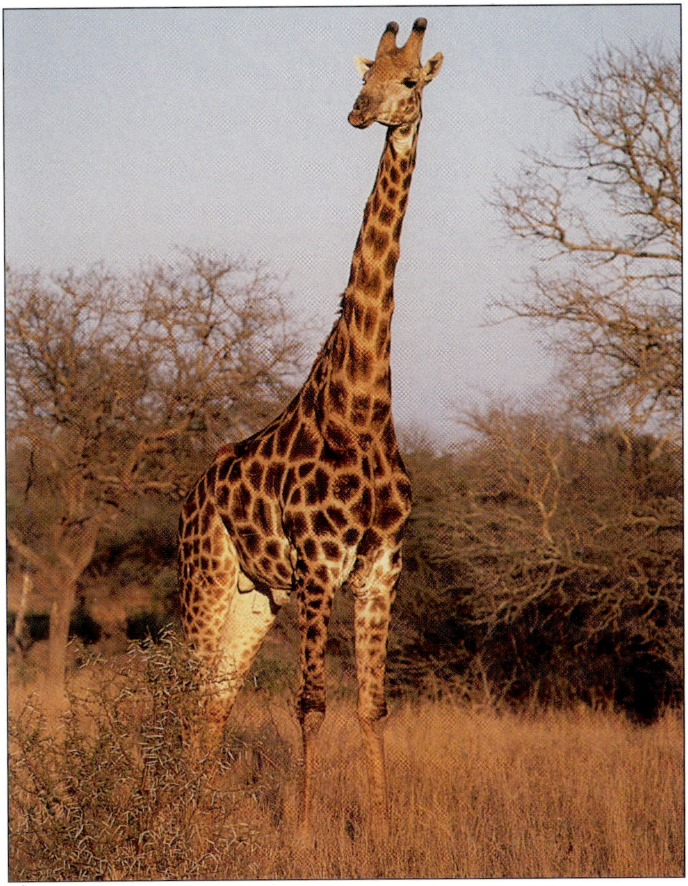

Duncan Butchart

♂

♀ + ♀

Burger Cillié

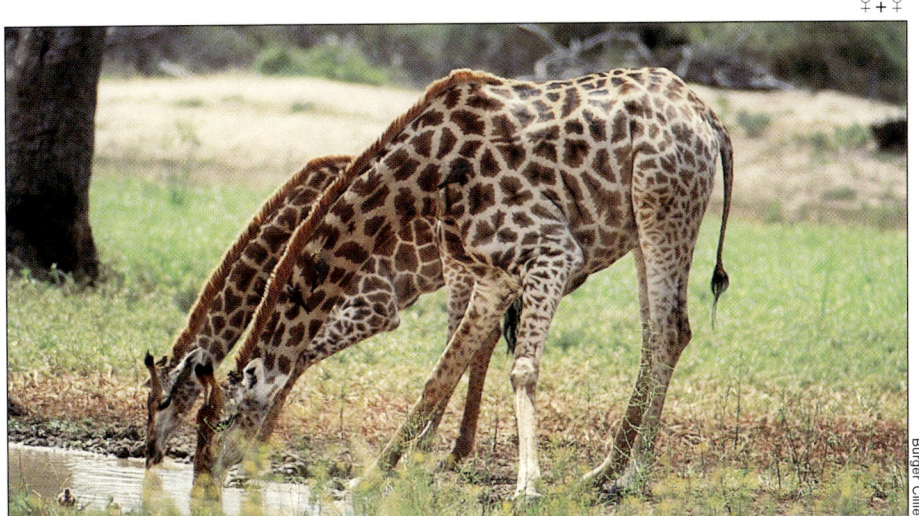

Oben – Spitzmaulnashorn (Ulrich Oberprieler), rechts – Elefantenauge (Eric Reisinger)

Sehr große Säugetiere

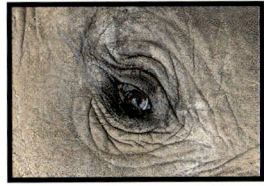

Sehr große Pflanzenfresser mit gräulicher Haut ohne Fell und mit großen Füßen

Afrikanischer Elefant

Elephant
Loxodonta africana

Gewicht ♂ 5 500–6 000 kg.
♀ 3 600–4 000 kg.

Stoßzähne
Rekordgewicht 102,7 kg.
Rekordlänge 3,48 m.

Nahrung Gras, Blätter, Baumrinde und Früchte.

Lebenserwartung
± 65 Jahre.

Feind Löwe.

52–58 cm

50–52 cm

V

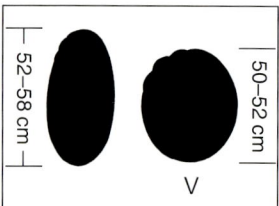

Beschreibung Riesiges, schwer gebautes Tier mit langen stämmigen Beinen und großen Füßen. Die Farbe ist ein bräunliches Grau, oder oft ähnlich der Bodenfarbe der Umgebung. Die Behaarung ist kurz und unscheinbar, nur das Schwanzende trägt eine langhaarige Quaste. Die grossen, flachen Ohren, der Rüssel und die bisweilen gewaltigen Stoßzähne sind charakteristisch. Der Rüssel dient als Nase, ausserdem als vielseitiger Greifer, der Futter zum Maul befördert, Äste bricht oder Wasser saugt und spritzt.

Geschlechtsunterschied Kühe sind kleiner als Bullen und tragen kleinere Stoßzähne.

Habitat Sehr anpassungsfähig, Gegenden mit genügend Gras und Blätterwerk.

Gewohnheiten Elefanten sind Tag- und Nachttiere. Sie bilden Herden von 6–200 Tieren, die von einem weiblichen Tier angeführt werden. Ältere Bullen bilden kleine Junggesellenherden oder werden zu Einzelgängern. Sie legen große Entfernungen bei der Nahrungssuche zurück. Ungestört, sind Elefanten friedlich. Kühe mit Kälbern oder verwundete Tiere können jedoch äußerst gefährlich werden. Am Wasserloch sind Elefanten unduldsam und verjagen oft andere Tiere. Sie schwimmen gut und genießen Schlammbäder oder Suhlen. Während der Geruchssinn hervorragend entwickelt ist, sind Gehör- und Sehvermögen schwach.

Lautäußerungen Trompeten- und Magengeräusche.

Nachwuchs Ein Kalb wird irgendwann im Jahr nach einer Tragzeit von 22 Monaten geboren, selten zwei.

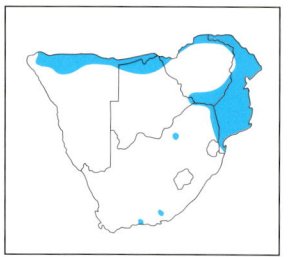

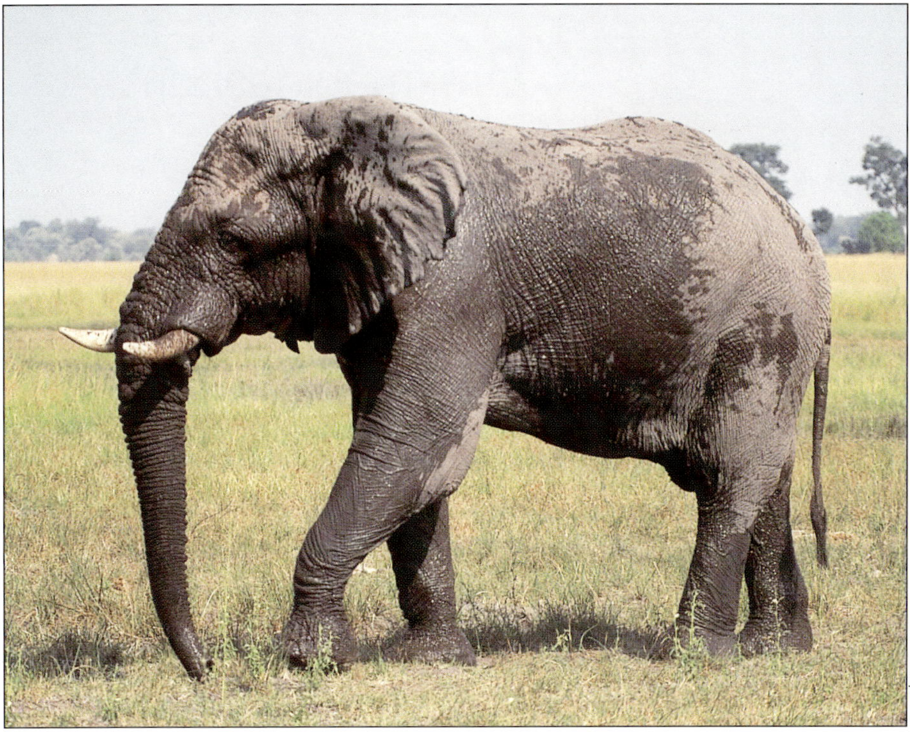

Ulrich Oberprieler

♂

♀

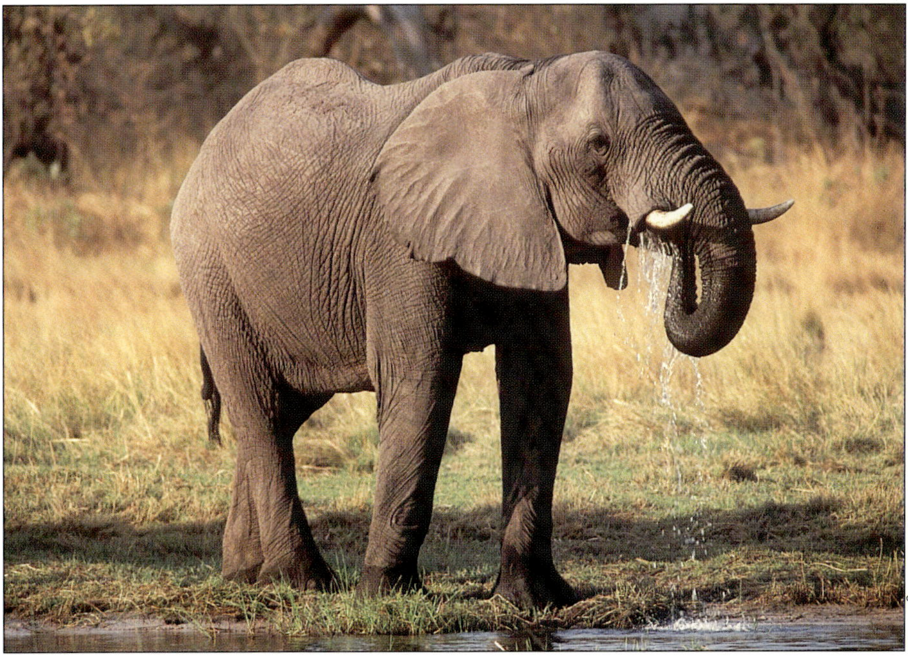

Burger Cillié

Breitmaulnashorn

Square-lipped Rhinoceros
Ceratotherium simum

Gewicht	♂ 2 000–2 300 kg.
	♀ 1 400–1 600 kg.
Hornlänge	± 85 cm.
Weltrekord	158 cm.
Nahrung	Bevorzugt kurzes Gras.
Lebenserwartung	± 45 Jahre.
Feind	Löwe.

28–30 cm

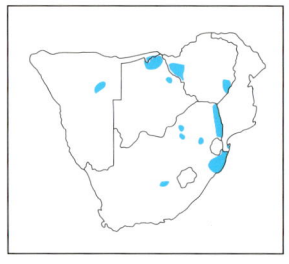

Beschreibung Die größere der beiden Nashornarten, prähistorisch anmutend mit faßförmigem Körper, langem Kopf mit 2 "Nashörnern". Die Hörner bestehen aus haarähnlichem Horn, das vordere Horn ist länger als das hintere. Das breite eckige Maul ist charakteristisch. Die eigentliche Hautfarbe ist grau, doch Nashörner erscheinen oft in der Bodenfarbe ihrer Umgebung, da sie regelmäßig suhlen. Die Ohren sind spitz. Das Spitzmaulnashorn hat ein spitzeres Maul, ist größer, hat einen Widerrist über den Schultern und trägt seinen Kopf meist tiefer.

Geschlechtsunterschied Kühe leichter als Bullen.

Habitat Offene und buschige Savanne mit Bäumen und Dickicht als Deckung.

Gewohnheiten Leben in kleinen Gruppen, die aus einem Leitbullen, Nebenbullen, Kühen und Kälbern bestehen. Sie wandern nur in der Nähe ihres Territoriums. Obwohl sie plump erscheinen, können sie sehr schnell laufen. Die Kälber gehen meist vor ihren Müttern. Ihr Sehvermögen ist schlecht, dafür haben sie einen sehr guten Gehör- und Geruchssinn. Wenn es heiß ist, wälzen sie sich gerne im Schlamm. Sie sind nicht so aggressiv wie die Spitzmaulnashörner.

Lautäußerungen Schnauben und Knurren.

Nachwuchs Ein Kalb wird irgendwann im Jahr nach einer Tragzeit von 16 Monaten geboren.

Auch Weißes Nashorn.

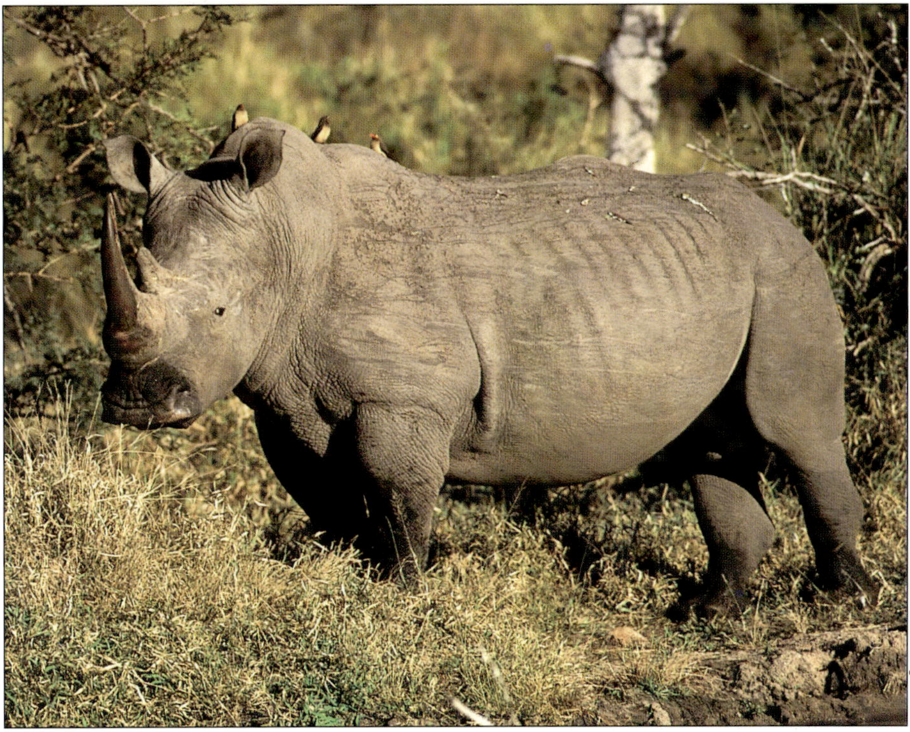

♂

Burger Cillié

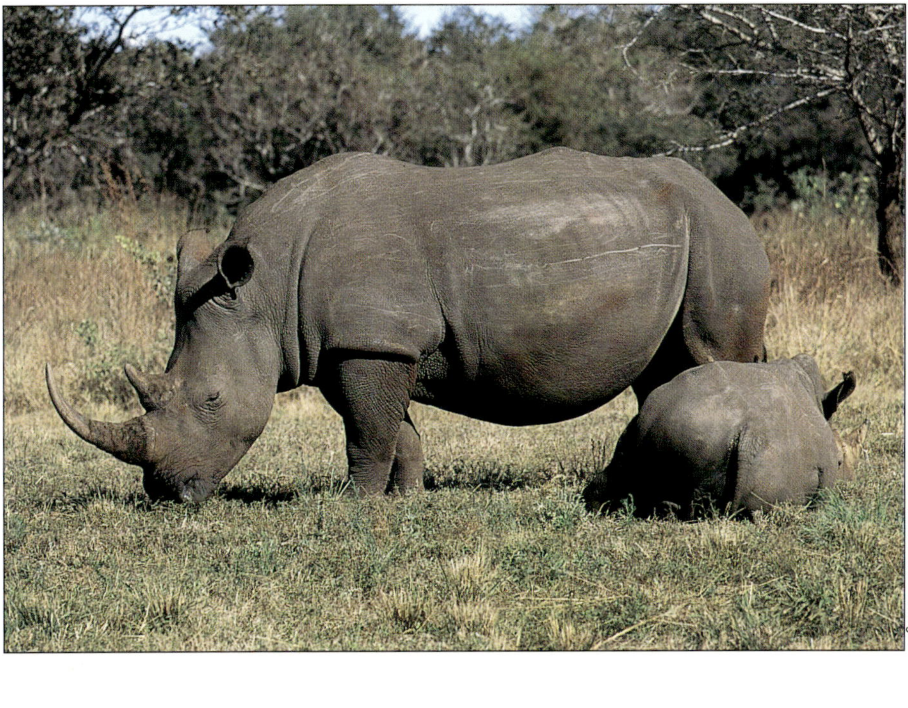

♀

Duncan Butchart/African Images

Spitzmaulnashorn

Hooklipped Rhinoceros
Diceros bicornis

| Gewicht | ♂ 730–970 kg. |
| | ♀ 760–1 000 kg. |

Hornlänge
± 78 cm.
Weltrekord 135,89 cm.

Nahrung Blätter, Zweige auch von Dornsträuchern.

Lebenserwartung
± 40 Jahre.

Feind Löwe.

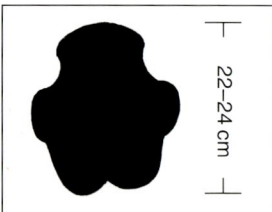

22–24 cm

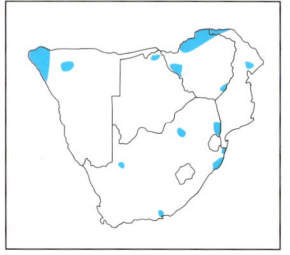

Beschreibung Die kleinere der beiden Nashornarten. Die Oberlippe ist zugespitzt, die Ohren sind kleiner und runder als die des Breitmaulnashorns, die Körperfarbe ist dunkler, der Kopf kürzer und der Widerrist weniger ausgeprägt. Trägt den Kopf etwas höher. Es trägt zwei Hörner auf der Schnauze.

Geschlechtsunterschied Bullen leichter als Kühe.

Habitat Dichte Busch- und Baumsavanne mit viel Wasser.

Gewohnheiten Einzeln, oder Kuh mit Kalb. Kälber gehen meist hinter der Mutter. Sie suhlen regelmäßig und verbringen die warme Tageszeit im Schatten. Während Gehör- und Geruchssinn gut entwickelt sind, ist das Sehvermögen schwach. Sie äsen frühmorgens und spätnachmittags und trinken abends. Spitzmaulnashörner sind unberechenbar und greifen blindlings an, oft nur um festzustellen, ob eine Störung Gefahr birgt.

Lautäußerungen Wiederholtes Schnauben, auch Knurren und Brüllen.

Nachwuchs Ein Kalb wird irgendwann im Jahr nach einer Tragzeit von etwa 15 Monaten geboren.

Auch Schwarzes Nashorn.

♂

♀

Flußpferd

Hippopotamus
Hippopotamus amphibius

Gewicht	♂ 970–2 000 kg.
	♀ 995–1 675 kg.

Zahnlänge
± 60 cm.
Rekord 163,83 cm.

Nahrung Gras, bis zu 130 kg pro Nacht.

Lebenserwartung
± 39 Jahre.

Feind Löwe.

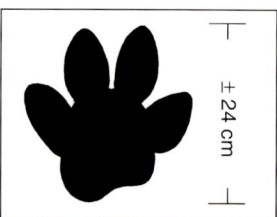

± 24 cm

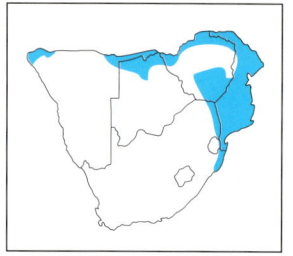

Beschreibung Ein sehr großes, ausgesprochenes Wassertier. Die Farbe ist graubraun, aber Bauch und Hautfalten sind gelblich rosa. Die Haut ist eigentlich unbehaart. Beine kurz, Körper kompakt. Sehr großes Maul, Augen befinden sich oben auf dem Kopf, so daß Nilpferde bis auf Nasenlöcher, Augen und Ohren völlig untergetaucht im Wasser liegen können. Die aufrechten Ohren sind klein im Verhältnis zum Körper, der Schwanz ist kurz und abgeflacht.

Geschlechtsunterschied Männchen grösser als Weibchen.

Habitat Sandbänke und offenes, ständig vorhandenes Wasser, in das sie untertauchen können.

Gewohnheiten Gesellige Tiere, Herdenbildung von 6–15 Stück. Fressen nachts an Land und ruhen tagsüber halb untergetaucht im Wasser oder sonnen sich auf Sandbänken. Am Spätnachmittag verlassen sie das Wasser, um auf Nahrungssuche zu gehen, manchmal mehrere Kilometer vom Wasser entfernt. Sie treten breite Wechsel zu ihren Weideplätzen. Obwohl an sich friedliche Tiere, können sie bei Bedrohung aggressiv und sogar gefährlich werden, dies gilt besonders für Kühe mit Kälbern.

Lautäußerungen Eine Mischung zwischen einem hohen lauten Brüllen und einem Röhren, gefolgt von ± 15 kurzen tieferen Lauten.

Nachwuchs Ein Kalb wird irgendwann im Jahr nach einer Tragzeit von 7½ bis 8½ Monaten geboren.

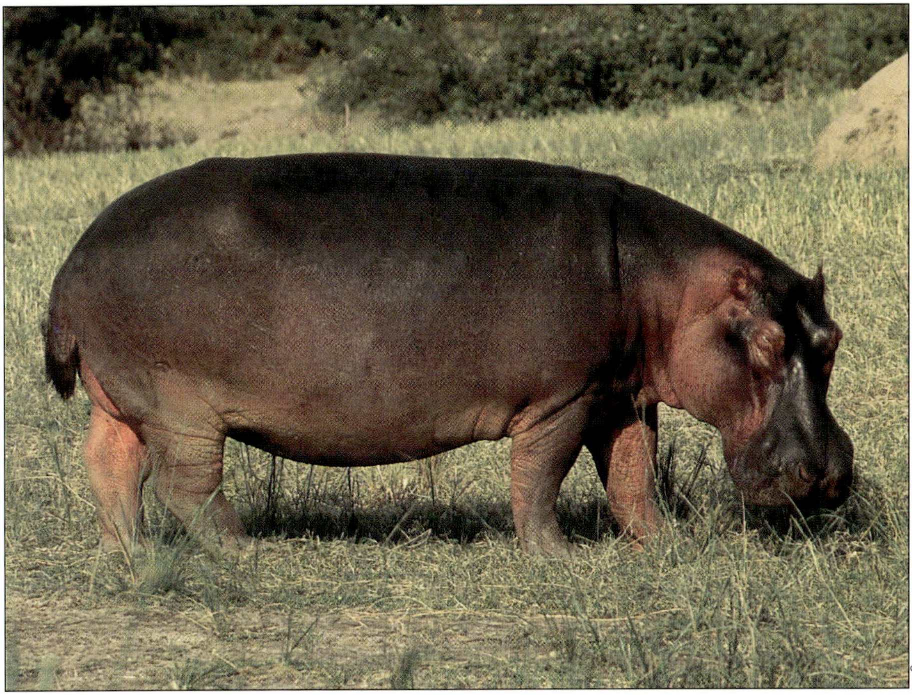

Duncan Butchart/African Images

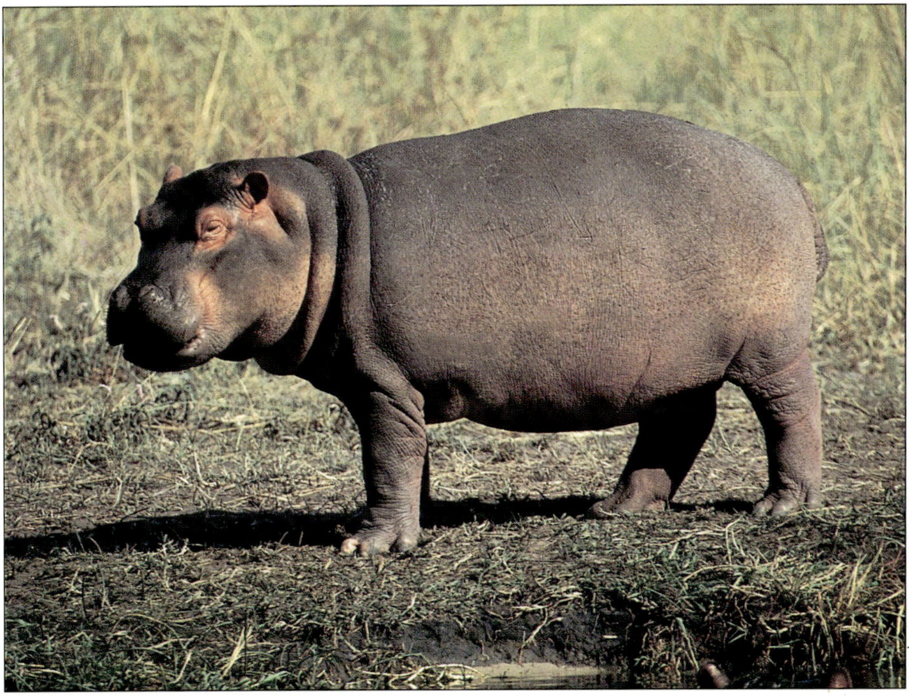

Ulrich Oberprieler

Oben – Leopard (Richard du Toit), rechts – Löwe (Eric Reisinger)

Raubtiere

Katzen und hundeartige Tiere, die selbst jagen oder Aas fressen.

Löwe

Lion
Panthera leo

Gewicht ♂ 180–240 kg.
♀ 120–180 kg.

Nahrung Hauptsächlich Huftiere.

Lebenserwartung ± 20 Jahre.

Feind Krokodil.

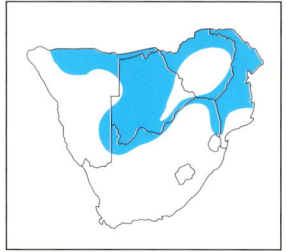

Beschreibung Diese fahlgelben Tiere sind die größten Katzen Afrikas. Die Jungen weisen typische Rosetten und Punkte auf, die beim erwachsenen Tier meist verschwinden. Männliche Löwen entwickeln Mähnen, die farblich von hell bis dunkel variieren. Löwen haben einen weißen Bart und weiße Schnurrbarthaare, der Schwanz endet in einer schwarzen Quaste. Die großen Pfoten haben weiche Ballen und gut entwickelte Krallen.

Geschlechtsunterschied Männchen meist bemähnt und schwerer als Weibchen.

Habitat Sehr anpassungsfähig, halten sich in Gebieten mit reichlich Beute auf.

Gewohnheiten Löwen sind die einzigen geselligen Katzen und bilden kleine Rudel von 3–12 Tieren, seltener bis zu 30. Rudelzusammensetzung: 1–2 dominierende Männchen, ein dominierendes Weibchen, andere erwachsene und junge Tiere. Meist nachtaktiv, sind durchaus am Tage zu sehen, besonders frühmorgens und abends. Sie schlafen während der warmen Tageszeit und jagen, wenn es kühler wird.

Jagdgewohnheiten Weibchen jagen in Gruppen: sie pirschen sich gegen den Wind so nahe wie möglich an ihre Beute heran und gehen dann zu einem Überraschungsangriff über.

Lautäußerungen Wohlbekanntes "uuuuh-uuumpf", erste Silbe höher als zweite, öfter wiederholt, kürzer und leiser werdend und in ein paar kurzen Tönen endend.

Nachwuchs Ein bis vier, selten bis zu sechs, Junge werden irgendwann im Jahr nach einer Tragzeit von etwa 3½ Monaten geboren.

Leopard

Gewicht ♂ 20–82 kg.
♀ 17–35 kg.

Nahrung Von Kleinsäugern wie Klippschliefern bis zu mittelgroßen Antilopen.

Lebenserwartung ± 20 Jahre.

Feinde Löwe, Krokodil.

9–10 cm

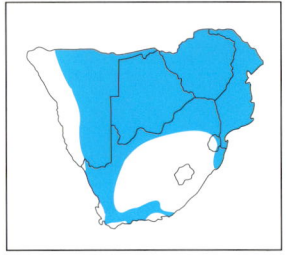

Leopard
Panthera pardus

Beschreibung Leoparden sind weiß bis leuchtend goldbraun mit schwarzen Punkten und Rosetten, die aus 4–6 Punkten in einem engen Kreis angeordnet bestehen. Der Schwanz ist etwa genauso lang wie das Tier selbst. Sie haben lange weiße Schnurrbarthaare, in schwarzen Punkten wurzelnd, und kleine runde Ohren. Die Größe der Leoparden variert sehr. Sie haben kürzere Beine als die Geparden; Rosettenmarkierung und der schwarze Tränenstreifen fehlen im Gesicht.

Geschlechtsunterschied Weibchen kleiner als Männchen.

Habitat Bevorzugt Dickicht an Berghängen, entlang Bächen und Flüssen.

Gewohnheiten Nachtaktiv, auch öfter frühmorgens und spätnachmittags. Einzelgänger, außer zur Paarungszeit. Scheu und listig und können gefährlich werden, wenn sie verwundet sind. Als gute Kletterer sind sie vor allem, wenn andere Raubtiere in der Gegend sind, in der Lage, auch große Beutetiere in Bäume hochzutragen. Tagsüber rasten Leoparden meist in dichter Deckung. Ihr Seh-, Riech- und Hörvermögen ist außergewöhnlich gut. Sie sind auch noch außerhalb von Reservaten anzutreffen.

Jagdgewohnheiten Leoparden beschleichen ihre Beutetiere und überwältigen sie dann. Sie nutzen jede Deckung aus.

Lautäußerungen Die häufigste Lautäußerung ist ein heiseres Husten, doch andere katzenähnliche Geräusche sind auch bekannt.

Nachwuchs Zwei bis drei (selten bis zu sechs) Junge werden irgendwann im Jahr nach einer Tragzeit von etwa 3 Monaten geboren.

Richard du Toit

Richard du Toit

Gepard

Cheetah
Acinonyx jubatus

Gewicht ♂ 39–60 kg.
♀ 36–48 kg.

Nahrung Vogelstrauße, kleine bis mittelgroße Antilopen und Warzenschweine.

Lebenserwartung ± 12 Jahre.

Feinde Löwe, Krokodil.

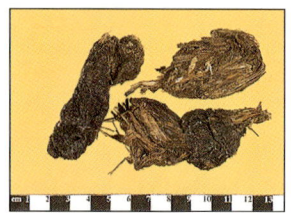

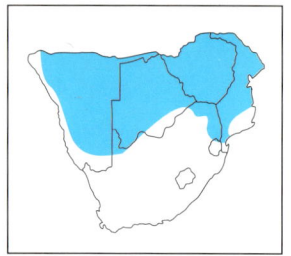

Beschreibung Eine elegante, schlanke Katze mit langen Beinen. Außer am weißen Bauch, Kinn und Kehle ist der Gepard hellgold bis braun mit schwarzen Flecken, die auf der Brust kleiner werden und am Schwanzende Ringe bilden. Die kleinen Ohren sind rund und weit auseinanderstehend. Zum Unterschied vom Leopard hat der Gepard längere Beine, schwarze Flecken und typische "Tränenspuren" im Gesicht.

Geschlechtsunterschied Weibchen leichter als Männchen.

Habitat Offenes Waldland und Steppe.

Gewohnheiten Geparde leben paarweise, einzeln und in kleinen Rudeln, z.B. Weibchen mit ihren Jungen. Tagaktiv, bevorzugen sie die Stunden während des Sonnenauf- und Sonnenuntergangs und verbringen die heißen Stunden unter einem Baum. Geparde gelten als die schnellsten Landtiere mit einer Geschwindigkeit von 100 km/h und mehr über kurze Distanzen. Geparde sind wenig aggressiv, ohwohl sie sich untereinander bisweilen beißen und kratzen.

Jagdgewohnheiten Jagen meist einzeln, außer bei größerem Wild, und verlassen sich auf ihre Geschwindigkeit.

Lautäußerungen Hohes vogelähnliches Pfeifen.

Nachwuchs Ein bis fünf Junge werden irgendwann im Jahr nach einer Tragzeit von etwa 3 Monaten geboren.

Burger Cillié

Duncan Butchart/African Images

Karakal

Caracal
Felis caracal

Gewicht ♂ 8,6–20,0 kg.
♀ 4,2–14,5 kg.

Nahrung Vögel, Kleinsäuger und Reptilien.

Lebenserwartung ± 11 Jahre.

Feinde Löwe, Krokodil.

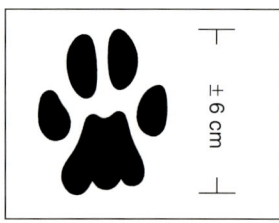

± 6 cm

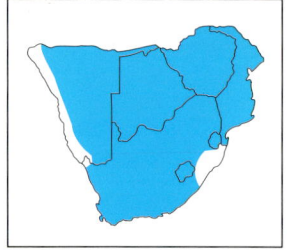

Beschreibung Ein kräftiges Tier mit starken Beinen und bemerkenswert großen gelblichen Pfoten. Die Farbe ist hellrotbraun bis ziegelsteinrot, bisweilen silbergesprenkelt; Bauch und Brust sind weiß. Dunkle Flecken befinden sich in den vorderen Augenwinkeln, über den Augen und am Schnurrbarthaaransatz. Die Ohren enden in schwarzen Haarpinseln, der Schwanz ist relativ kurz. Größenmäßig variieren sie sehr.

Geschlechtsunterschied Weibchen etwas leichter als Männchen.

Habitat Fast überall anzutreffen, scheinen besonders trockene Baumsavannen oder halb-trockene Gebiete zu frequentieren.

Gewohnheiten Hauptsächlich nachtaktiv, sind diese Luchse auch frühmorgens und spätnachmittags zu sehen. Als Einzelgänger jagen sie allein. Obwohl sie ausgezeichnet klettern, bewegen sie sich gewöhnlich auf ebener Erde. In der Hitze des Tages wird geruht und selbst die geringste Deckung bietet dem Karakal auf Grund seiner guten Tarnung Schutz. Kommt noch außerhalb von Schutzgebieten vor.

Lautäußerungen Schnurren und vogelähnliches Zwitschern.

Nachwuchs Zwei bis vier, selten fünf, Junge werden zwischen Oktober und März nach einer Tragzeit von etwa 2 Monaten geboren.

Auch Wüstenluchs, Rotkatze.

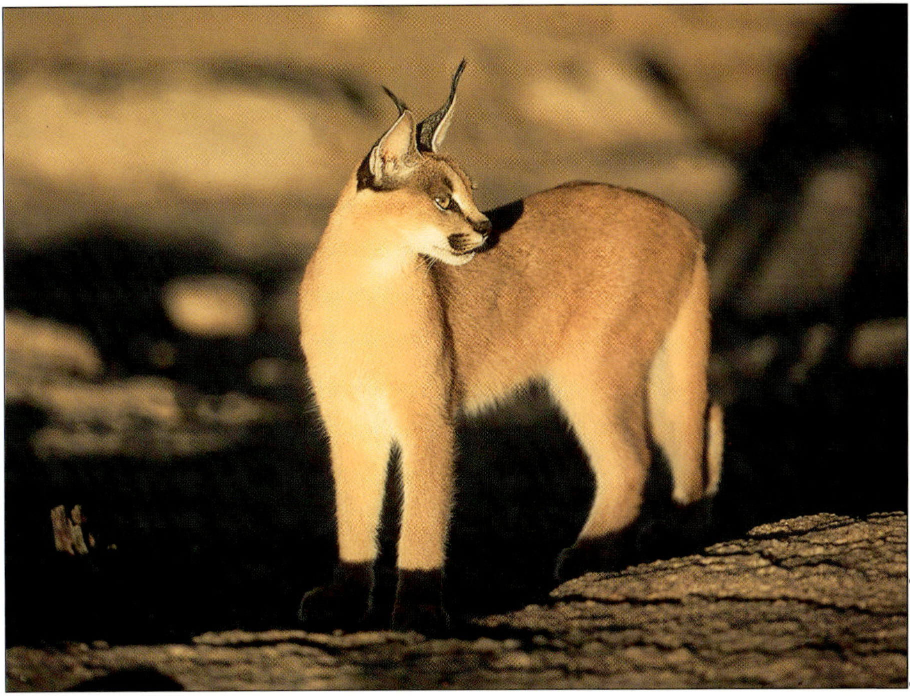

Ingrid van der Berg

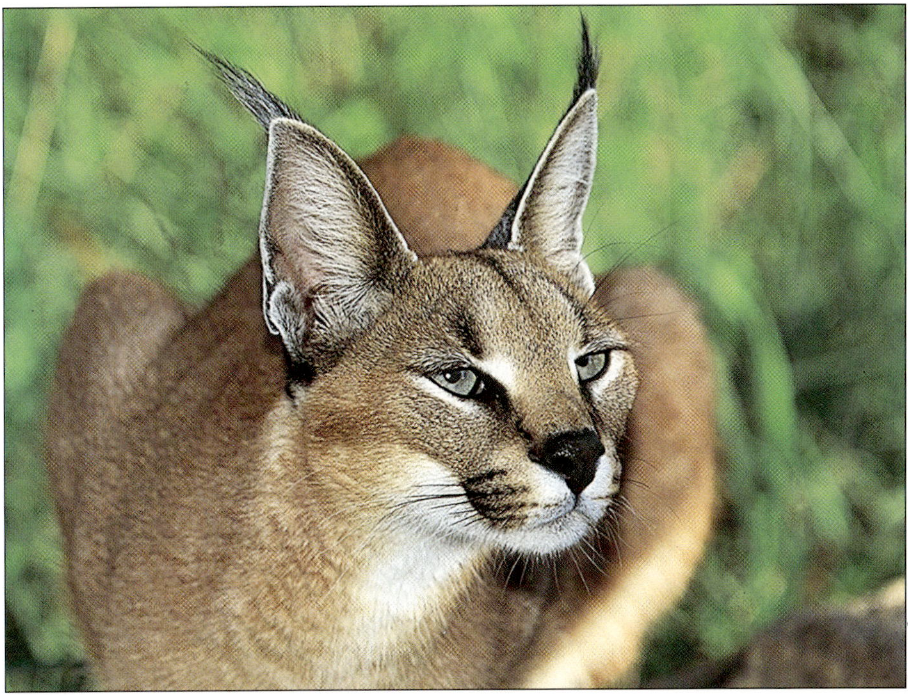

Nigel Dennis

Gewicht ♂ 8,6–13,5 kg.
♀ 8,6–11,8 kg.

Nahrung Kleinsäuger wie Hasen, Mäuse, Rohrratten und Vögel.

Lebenserwartung
± 12 Jahre.

Feinde Löwe, Krokodil.

± 5 cm

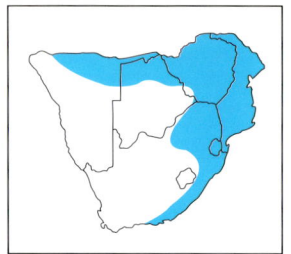

Serval

Serval
Felis serval

Beschreibung Servalkatzen sind schlank gebaute Tiere mit langen Beinen, relativ kleinem Kopf und großen Ohren. Die Farbe wechselt von mattem Weiß zu hellem Goldgelb mit schwarzen Streifen am Hals und unregelmäßigen schwarzen Punkten am Körper. Der Schwanz ist an der Wurzel gefleckt, wird dann ringförmig gestreift und endet in einer schwarzen Spitze. Das Bauchfell und die Innenseite der Beine sind weiß mit dunklen Flecken. Hinter den Ohren sind zwei schwarze Streifen und ein weißer Zwischenstreifen. Servalkatzen können mit jungen Geparden verwechselt werden, doch die Ohren sind eindeutig größer und es fehlen die schwarzen Tränenstreifen im Gesicht.

Geschlechtsunterschied Weibchen leichter als Männchen.

Habitat Sie bevorzugen dichtes, feuchtes Waldland.

Gewohnheiten Meist einzeln, gelegentlich paarweise jagend, auch in sumpfigen Gegenden. Nachtaktiv, aber auch frühmorgens und spätnachmittags zu sehen. Auf kurze Distanz sind sie sehr schnell. Nachts legen sie weite Strecken auf Suche nach Nahrung zurück, und nutzen dabei gerne Pfade und Wege, um schwieriges Terrain zu vermeiden. Gute Kletterer, doch machen sie wenig Gebrauch von dieser Fähigkeit.

Lautäußerungen Folge schriller Rufe an den Partner, in Wut Fauchen, Knurren.

Nachwuchs Ein bis vier Junge werden zwischen September und April nach einer Tragzeit von etwa 2 Monaten geboren.

Ulrich Oberprieler

Roger de la Harp/Natal Parks Board

Afrikanische Wildkatze

African Wild Cat
Felis lybica

Gewicht ♂ 3,8–6,4 kg.
♀ 2,6–5,5 kg.

Nahrung Meist Mäuse, aber auch andere Kleinsäuger, Vögel und Insekten.

Lebenserwartung Unbekannt.

Feinde Leopard, Löwe.

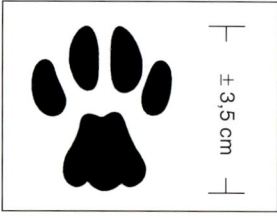

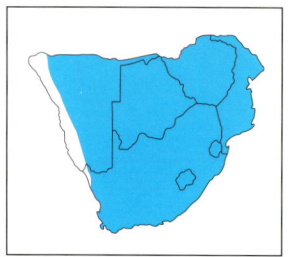

Beschreibung Eine schlanke Katze, ähnlich einer grauen Hauskatze. Farbe wechselt von hell- zu dunkelgrau mit rötlichen bis schwarzen Streifen auf den Beinen, die bei manchen Tieren sehr undeutlich sind. Kehle und Bauchfell sind grauweiß mit einem rötlichen Hauch. Der Schwanz ist am hinteren Teil ringförmig gestreift und endet in einer schwarzen Spitze. Die Ohrrücken sind rötlich und die Beine länger als die der Hauskatze. Kreuzungen mit Hauskatzen sind häufig, diesen fehlen jedoch meist die roten Ohrrücken.

Geschlechtsunterschied Weibchen leichter als Männchen.

Habitat Kommt überall vor, solange genügend hohes Gras und Felsen als Versteck zur Verfügung stehen.

Gewohnheiten Einzelgänger außer in der Paarungszeit, wenn sich ein oder mehrere Männchen bei einem Weibchen aufhalten. Meist nachtaktiv, doch gelegentlich während der Dämmerung zu sehen. Sowohl Kater als auch Katzen sind territorial und verteidigen ihre Gebiete. Vorwiegend am Erdboden lebend, sind sie doch gute Kletterer, besonders wenn sie verfolgt werden. Gelegentlich jagen sie auch auf Bäumen. Afrikanische Wildkatzen sind scheue und schlaue Tiere.

Lautäußerungen Knurren, Schnurren und Fauchen.

Nachwuchs Zwei bis fünf Junge werden irgendwann im Jahr (im Norden ihres Verbreitungsgebietes vor allem zwischen September und März) nach einer Tragzeit von etwa 2 Monaten geboren.

Auch Falbkatze.

Alan Wilson

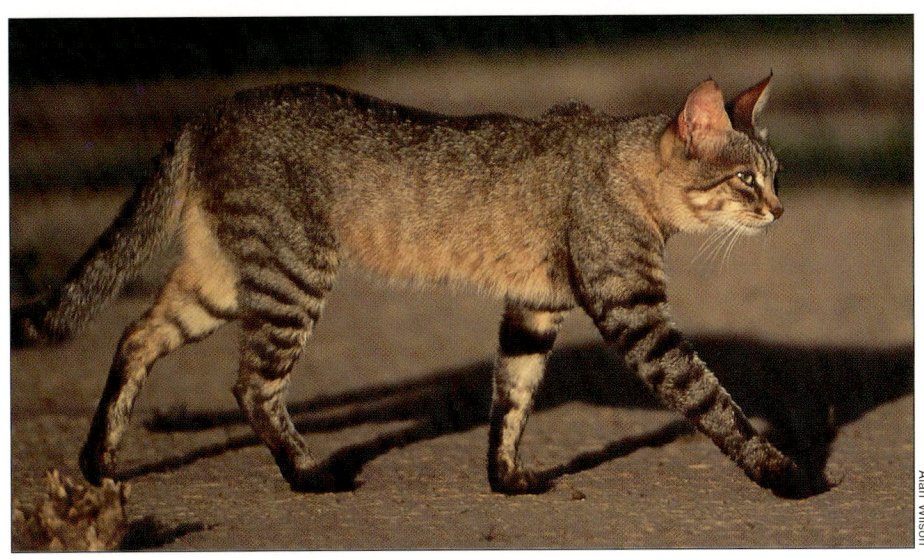

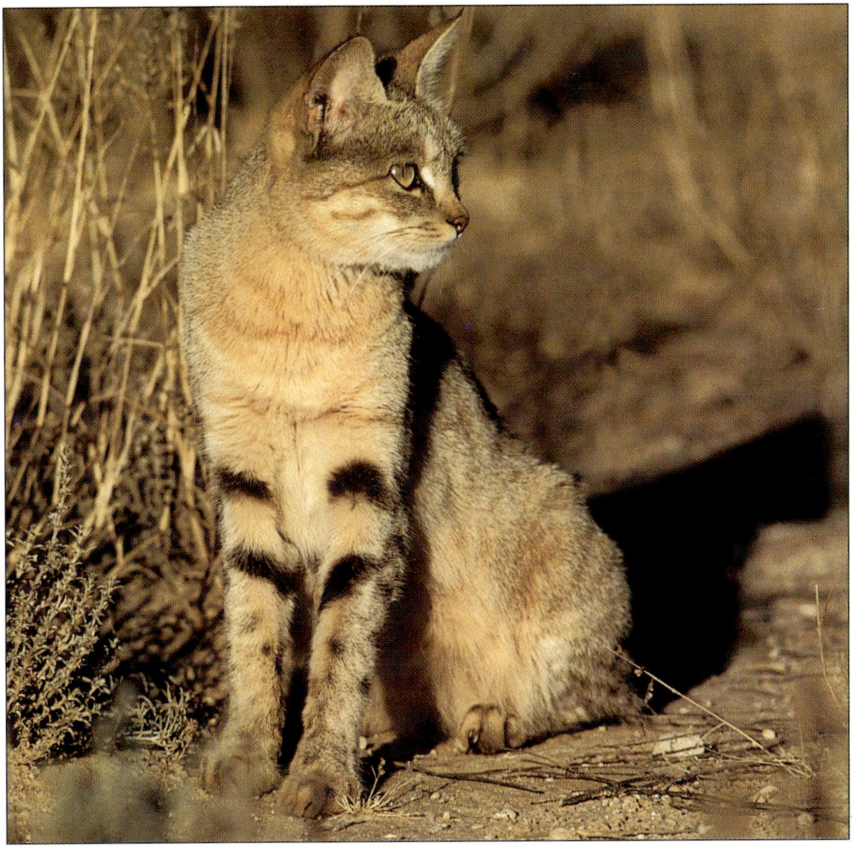

Koos Delport

Schwarzfußkatze

Small Spotted Cat
Felis nigripes

Gewicht ♂ 1,5–1,7 kg.
♀ 1,0–1,4 kg.

Nahrung Mäuse und Spinnen, doch auch Reptilien und Insekten.

Lebenserwartung Unbekannt.

Feinde Leopard, Löwe.

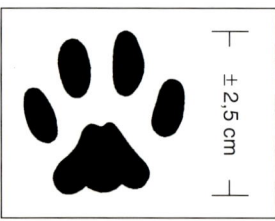

± 2,5 cm

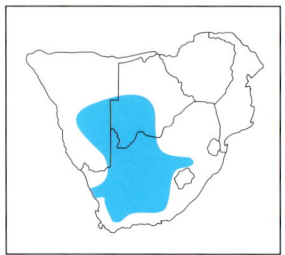

Beschreibung Die kleinste Katze dieser Gegend. Die Färbung wechselt von zimtfarben im Süden zu hellgelbbraun im Norden. Dicht gefleckt und gestreift: auf dem Halsrücken sind 4 Längsstreifen, von denen sich die äußeren zwei bis über die Schultern ziehen. Diese Streifen laufen oft zu Punkten aus. Die Kehle zeigt 3 Bänder. Der Schwanz ist kurz. Im Vergleich zur Afrikanischen Wildkatze viel kleiner und heller gefärbt mit schärfer definierten Punkten und Streifen.

Geschlechtsunterschied Männchen etwas schwerer als Weibchen.

Habitat Trockene offene Gebiete mit hohem Grass und Gebüsch zur Deckung.

Gewohnheiten Sehr scheu und nachtaktiv, erscheinen erst nach Dunkelheit, sehr selten am Tage zu sehen. Gewöhnlich einzeln, selten paarweise. Leben und jagen am Boden, doch können auch gut klettern; in der Kalahari flüchten sie zB auf Bäume. Tagsüber schlafen sie in alten Erdferkel oder Springhasenbauen, in hohlen Termitenhügeln und unter Gebüsch. Recht aggressiv für ihre Größe und auch nicht so leicht zu zähmen wie die Afrikanische Wildkatze. Kommen noch außerhalb von Naturschutzgebieten vor.

Lautäußerungen Fauchen und Knurren.

Nachwuchs Ein bis drei Junge werden zwischen November und Dezember nach einer Tragzeit von etwa 2 Monaten geboren.

Philip Richardson/ABPL

Willie de Beer/National Parks Board

Tüpfelhyäne

Spotted Hyaena
Crocuta crocuta

Gewicht ♂ 46–79 kg.
♀ 56–80 kg.

Nahrung Aas, Fleisch mit Haut und Knochen.

Lebenserwartung ± 25 Jahre.

Feinde Löwe, Krokodil.

± 10,5 cm

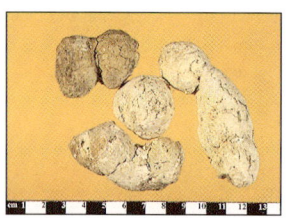

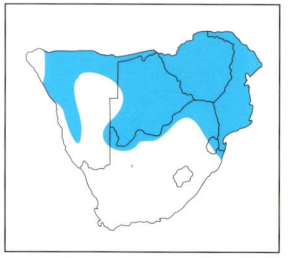

Beschreibung Die Fleckenhyäne ist blassgelb bis weiß mit unregelmäßigen braunen Flecken, die im Alter meist verblassen. Die Schnauze und unteren Teile der Läufe sind dunkelbraun. Hals und Vorderläufe sind auffallend stark und die Rückenlinie ist daher abfallend. Die Vorderpfoten sind größer als die Hinterpfoten. Der Kopf ist groß und hat zum Unterschied zur Schabrackenhyäne andere Fleckung, runde Ohren und kürzeres Fell. Der Erdwolf ist kleiner und gestreift.

Geschlechtsunterschied Weibchen etwas schwerer als Männchen.

Habitat Offene Steppe und Baumsavanne mit genügend Wild.

Gewohnheiten Tüpfelhyänen leben in Rudeln, die ein dominantes Weibchen anführt. Die Rudel sind meist klein, doch sind bis zu 11 Tiere zusammen gesehen worden. Man sieht sie auch oft alleine oder zu zweit und zu dritt. Hauptsächlich nachtaktiv, sind sie frühmorgens und spätnachmittags unterwegs. Ihr Geruchssinn sowie ihr Hör- und Seevermögen sind gut ausgeprägt. Tüpfelhyänen sind je nach Nahrungsangebot Aasfresser oder aktive Jäger, die ihre Beute bis zur Erschöpfung hetzen. Im Rudel versuchen sie zuweilen, Löwen und Geparde von einer Beute zu verjagen.

Lautäußerungen Eines der charakteristischen afrikanischen Nachtgeräusche: "Huuh-huup", erstere Silbe tiefer als die zweite. Außerdem furchterregende Schreie und schrilles Gelächter.

Nachwuchs Ein bis vier Junge werden irgendwann im Jahr (vor allem zwischen Februar und März) nach einer Tragzeit von etwa 3½ Monaten geboren.

Auch Fleckenhyäne.

Richard du Toit

Burger Cillié

Schabrackenhyäne

Brown Hyaena
Hyaena brunnea

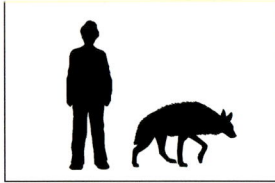

Gewicht ♂ 35–57 kg.
♀ 28–48 kg.

Nahrung Größtenteils Aas, doch auch Vögel, Reptilien und kleine Säuger.

Lebenserwartung ± 24 Jahre.

Feinde Leopard, Löwe.

Beschreibung Die Farbe ist dunkelbraun mit einem gelbbraunen "Umhang" über Hals und Schultern. Die Beine sind im gleichen Ton quergestreift. Das Haar ist lang und dicht. Braune Hyäenen sind vorne stärker gebaut als hinten mit einer abfallenden Rückenlinie. Der Kopf ist groß und die Ohren zugespitzt. Die unterscheidenden Merkmale zur Fleckenhyäne sind das lange Fell, spitze Ohren und fehlende Flecken. Sie sind wesentlich größer und dunkler als Erdwölfe.

Geschlechtsunterschied Weibchen kleiner als Männchen.

Habitat Offene trockene Waldgebiete und offenes buschiges Gelände.

Gewohnheiten Schabrackenhyänen sind gesellig, doch manche Rüden sind Einzelgänger. Ihre Nahrungssuche erstreckt sich über weite Gebiete. Es sind scheue, meist nachtaktive Tiere, bisweilen frühmorgens und spätnachmittags zu sehen. Den Tag verbringen sie in dichtem Gebüsch oder in Erdlöchern. Als Aasfresser jagen sie kaum größere Tiere im Gegensatz zur Tüpfelhyäne. Sie sind starke Gräber und graben ihre eigenen Baue oder sie benutzen alte Erdferkelhöhlen.

Lautäußerungen Jaulen, Grunzen und Knurren.

Nachwuchs Zwei bis fünf Junge werden zwischen August und November nach einer Tragzeit von etwa 3 Monaten geboren.

Auch Braune Hyäne.

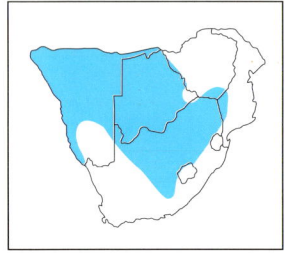

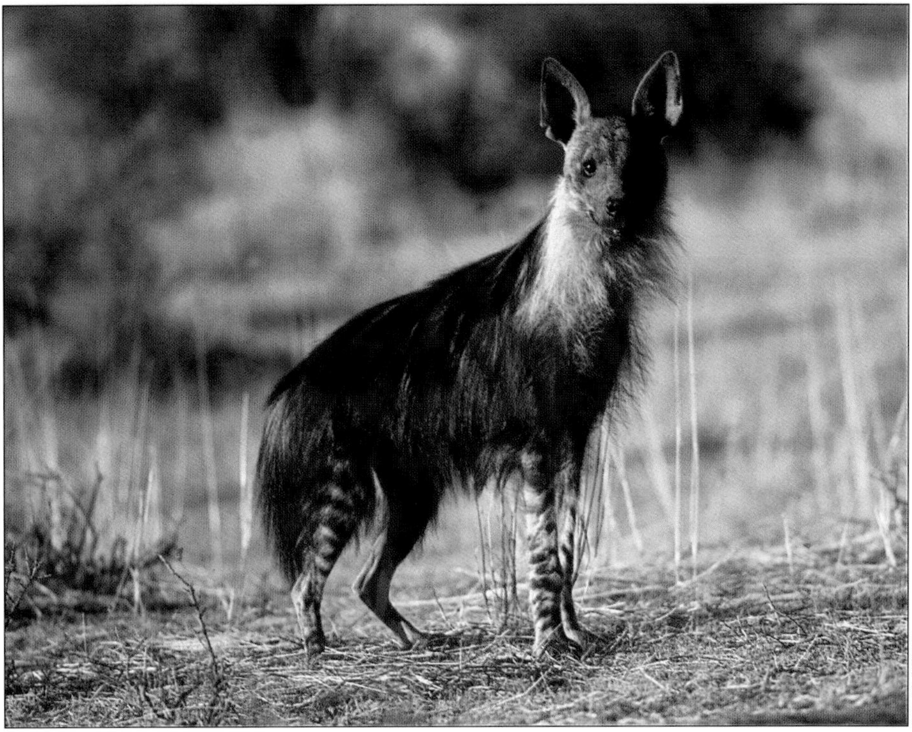

Richard du Toit

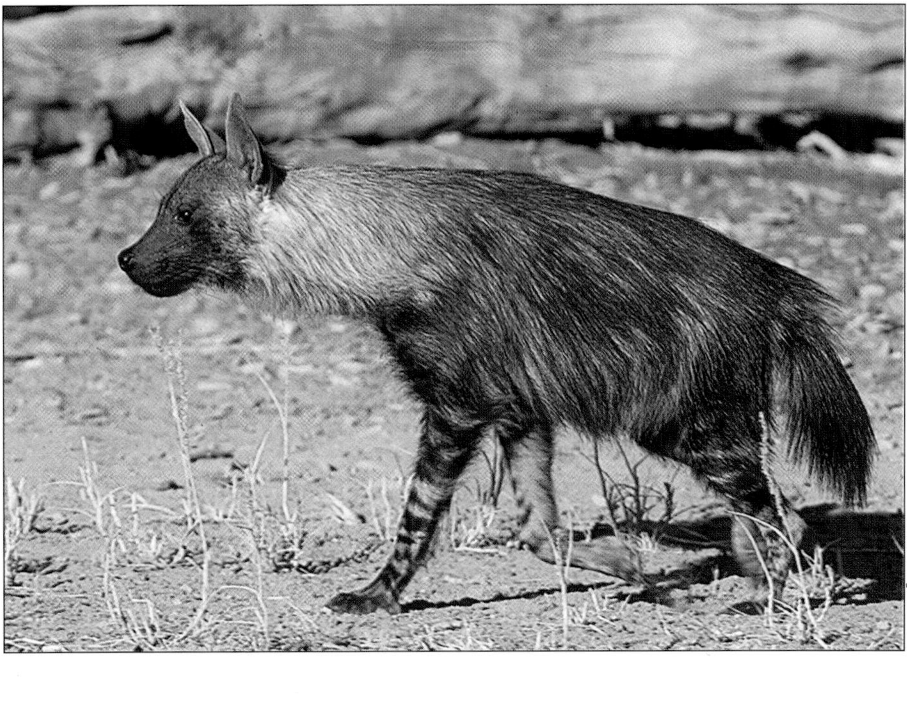

Nigel Dennis

Gewicht 7,7–13,6 kg.

Nahrung Größtenteils Termiten und andere Insekten.

Lebenserwartung ± 13 Jahre.

Feinde Leopard, Löwe.

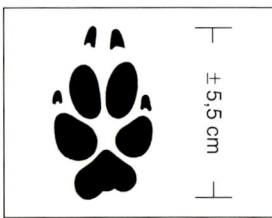

± 5,5 cm

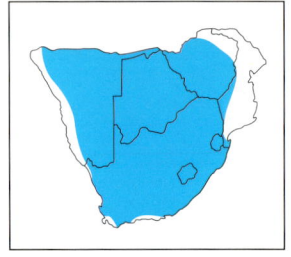

Erdwolf

Aardwolf
Proteles cristatus

Beschreibung Färbung des Körpers gelbbraun bis fahlgelb, mit deutlichen vertikalen Streifen am Körper und an den Beinen. Der Erdwolf hat eine lange Rückenmähne mit schwarzen Haarspitzen, die sich bei Furcht sträubt. Schnauze und die unteren Beine sind schwarz, auch hat er eine schwarze "Brille". Der Schwanz ist buschig mit schwarzem Ende. Ohren aufrecht und spitz. Kleiner als beide hier vorkommenden Hyänenarten, ist er heller als die Schabrackenhyäne gefärbt und ohne die Flecken der Tüpfelhyäne.

Geschlechtsunterschied Keiner.

Habitat Trockene offene Grassteppen und trockene Sumpfgebiete.

Gewohnheiten Gewöhnlich Einzelgänger, seltener paarweise und in Familiengruppen. Nachtaktiv, schlafen tagsüber in alten Erdferkelhöhlen oder eigenen Bauen. Erdwölfe sind weder Fleisch- noch Aasfresser, sondern ernähren sich fast ausschließlich von Termiten und Insekten. Bisweilen werden sie fälschlich als Hyänen bezeichnet. Sie verfügen über hervorragendes Seh- und Hörvermögen. Zur Verteidigung setzt der Erdwolf gelegentlich seine langen Fangzähne ein; gleichzeitig sträubt er seine Rückenmähne, die ihn viel größer erscheinen lässt, und gibt erstaunlich lautes Gebrüll von sich.

Lautäußerungen Lautes Gebrüll und Knurren, gefolgt von kurzem Gebell.

Nachwuchs Zwei bis vier Junge werden zwischen September und April nach einer Tragzeit von etwa 2 Monaten geboren.

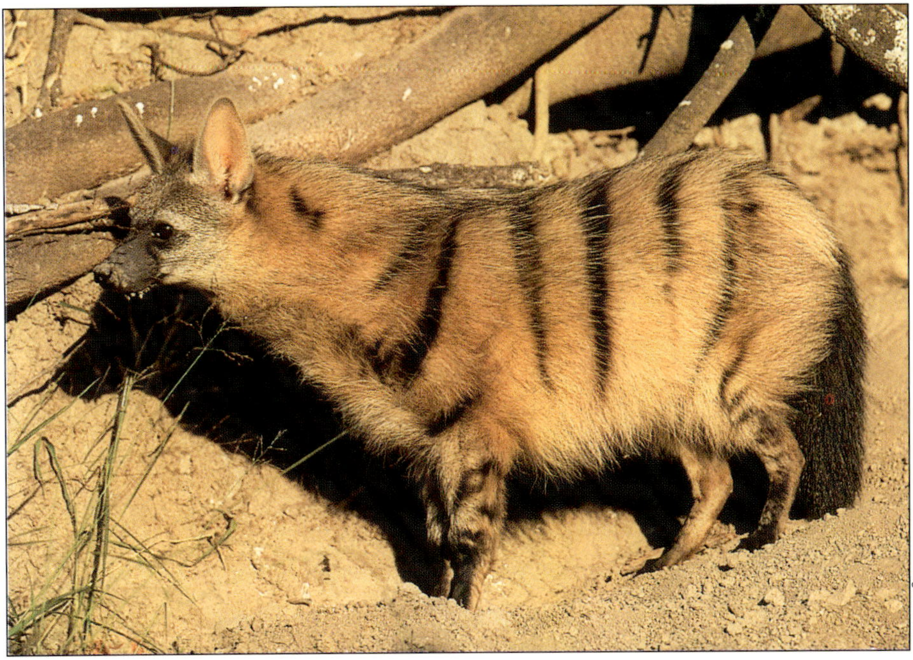
Nigel Dennis

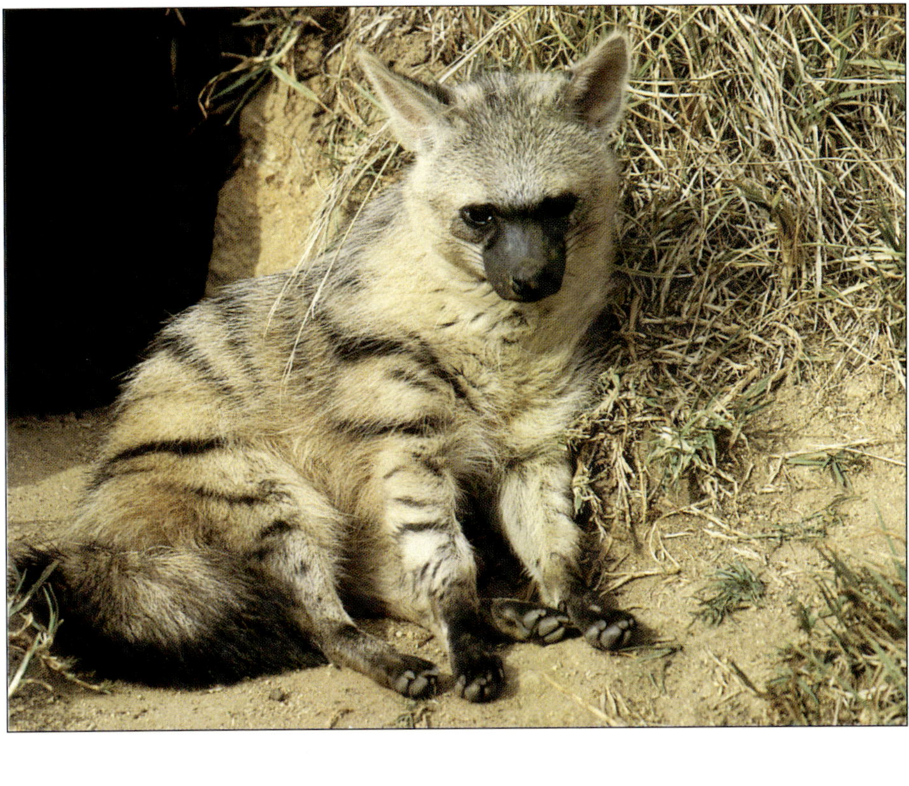
Duncan Butchart/African Images

Afrikanischer Wildhund

Cape Hunting Dog
Lycaon pictus

Gewicht 20–32 kg.

Nahrung Die meisten Antilopen, besonders Impala, Springbock und Streifengnu.

Lebenserwartung ± 10 Jahre.

Feinde Leopard, Löwe.

Beschreibung Das Tier hat eine kurze, dunkle Schnauze, große runde Ohren und ziemlich langes Haar. Ein typisches Merkmal ist der lange weiße Schwanz. Die Färbung des Rumpfes und der Beine ist weiß mit gelben, braunen und schwarzen Flecken. Das Farbmuster ist von Tier zu Tier charakteristisch verschieden. Die Stirn hat eine hellere Farbe mit einem dunklen Streifen senkrecht durch die Mitte, nach hinten über den Kopf verlaufend.

Geschlechtsunterschied Keiner.

Habitat Offenes Gelände und Ebenen in bewaldeten Gebieten.

Gewohnheiten Hyänenhunde leben in Rudeln von 10–15 Tieren. Rudel von 40 oder mehr Tieren sind jedoch auch bekannt. Sie sind hauptsächlich tagaktiv und bevorzugen den frühen Morgen und späten Nachmittag zur Jagd, die sich über weite Gebiete erstreckt. Es kommt gelegentlich zum Streit um die Beute mit Tüpfelhyänen, die jedoch meist erfolgreich verjagt werden. Die Welpen werden mit zugetragener bzw. ausgewürgter Nahrung gefüttert.

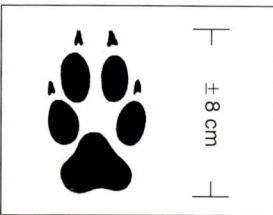

Jagdgewohnheiten Das Sehvermögen ist stärker ausgeprägt als der Geruchssinn. Die Hunde jagen in Meuten, hetzen ihre Beute bis zum Zusammenbruch und reißen sie dann förmlich auseinander.

Lautäußerungen Aufgeregtes Zwitschern, ein bellendes Knurren oder ein "Huu-huuu".

Nachwuchs Sieben bis zehn, selten bis zu neunzehn Junge werden zwischen März und Juli nach etwa 2½ Monaten Tragzeit geboren.

Auch Hyänenhund.

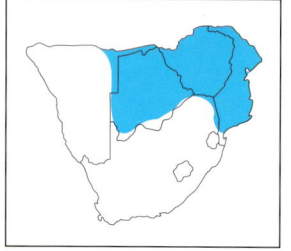

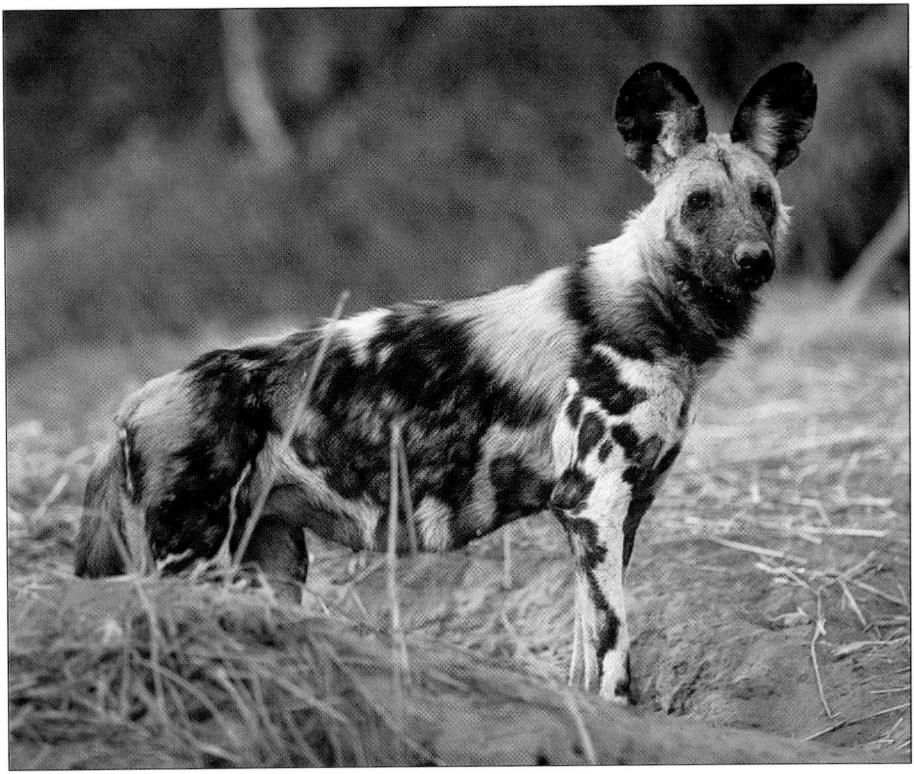

Dave Hamman/ABPL

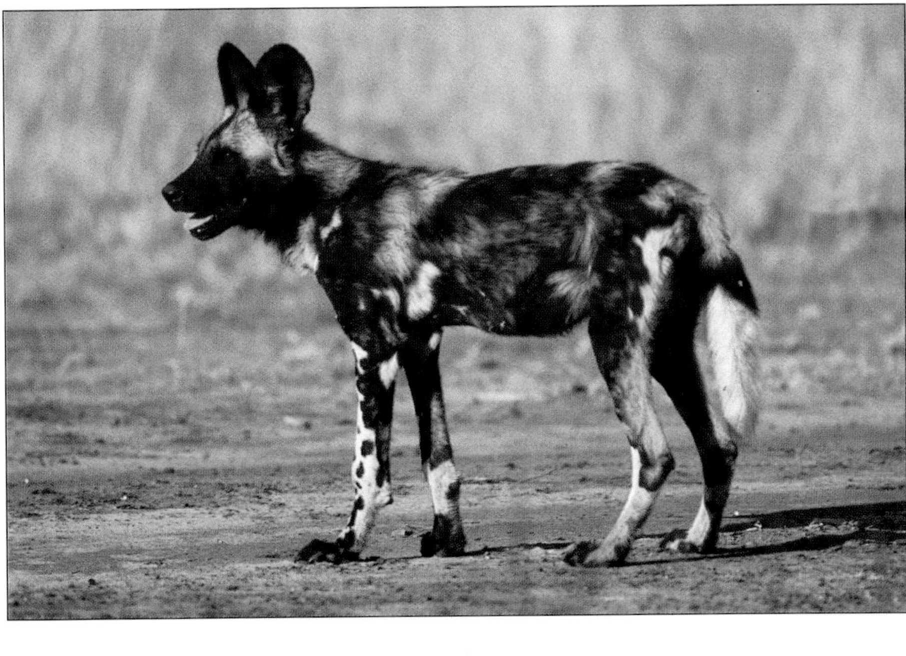

Burger Cilliè

| Gewicht | ♂ 7,3–12,0 kg. |
| | ♀ 7,3–10,0 kg. |

| Nahrung | Aas, Früchte, Hasen, Maulwürfe und Mäuse. |

| Lebenserwartung | ± 11 Jahre. |

| Feinde | Leopard, Löwe. |

Streifenschakal

Side-striped Jackal
Canis adustus

Beschreibung Die Färbung dieses relativ seltenen Schakals ist grau bzw. graubraun mit einem weißen Seitenstreifen, bisweilen unterlegt mit einem dunkleren Streifen. Die Schnauze ist dunkel, während die Körperunterseite, Kehle und die Innenseite der Läufe heller, fast weiß sind. Der Schwanz ist buschig, dunkel mit weißer Spitze. Die Ohren stehen aufrecht und die Ohrspitzen sind leicht abgerundet. Zur Unterscheidung vom Schabrackenschakal beobachtet man den weißen Seitenstreifen und die weiße Schwanzspitze des Streifenschakals im Gegensatz zum schwarzen Sattel des Schabrackenschakals.

Geschlechtsunterschied Männchen sind etwas schwerer als Weibchen.

Habitat In wasserreichen Gebieten, meidet sehr trockene Landstriche.

Gewohnheiten Streifenschakale sind scheu und selten zu sehen. Gewöhnlich Einzelgänger, jedoch sieht man gelegentlich Paare oder Weibchen mit Jungen. Hauptsächlich nachts und in der Dämmerung aktiv. Tagsüber ruhen sie in alten Erdferkellöchern oder anderen Schlupflöchern. Die gebräuchliche Bewegungsart ist ein langsames Gehen und Traben. Sie sind Aasfresser, aber jagen auch Kleintiere.

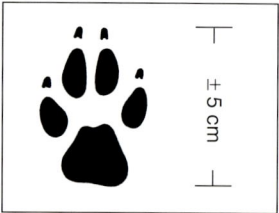

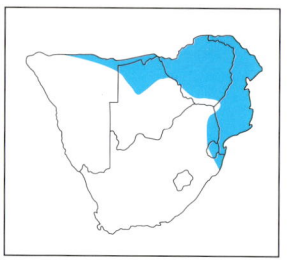

Lautäußerungen Reihe kläglicher Bell-Laute.

Nachwuchs Zwei bis sechs Junge werden zwischen August bis Januar nach einer Tragzeit von 2 bis 2½ Monaten geboren.

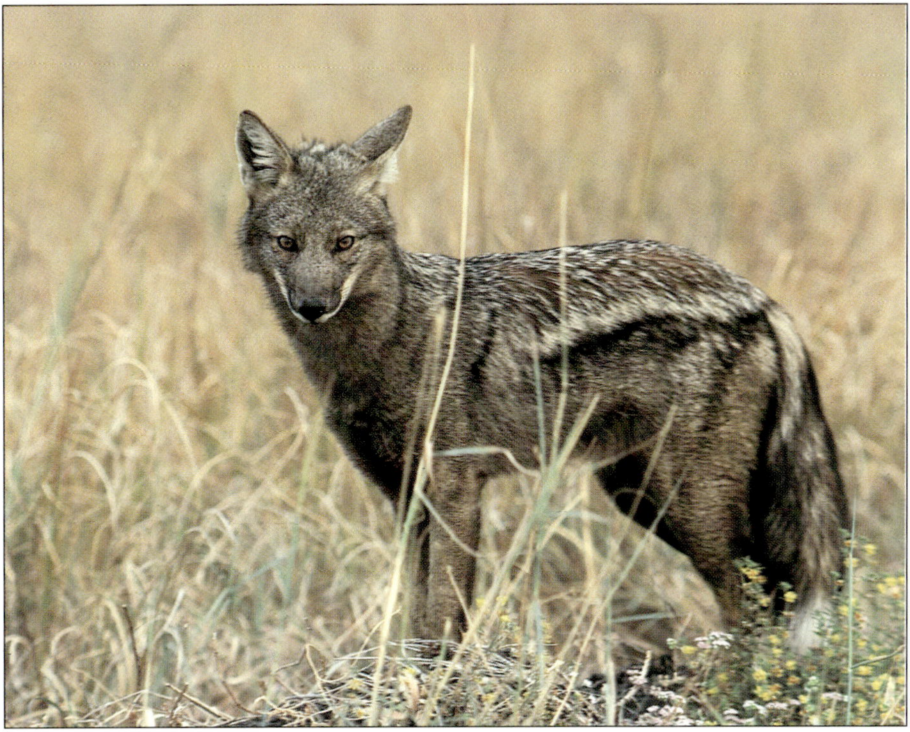

CF Bartlett/Photo Access

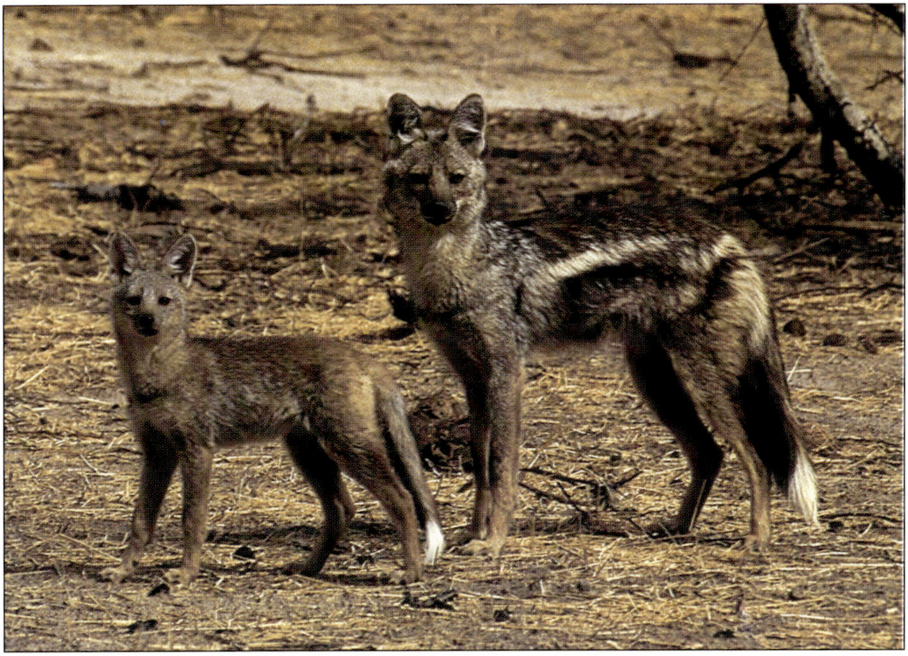

Dave Hamman/ABPL

Schabrackenschakal

Black-backed Jackal
Canis mesomelas

Gewicht ♂ 6,8–11,4 kg.
♀ 5,5–10,0 kg.

Nahrung Aas, kleine Säugetiere, Vögel, Insekten und wilde Früchte.

Lebenserwartung ± 13 Jahre.

Feinde Leopard, Löwe.

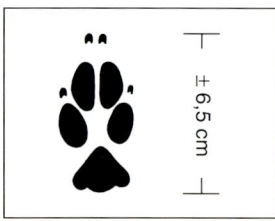

± 6,5 cm

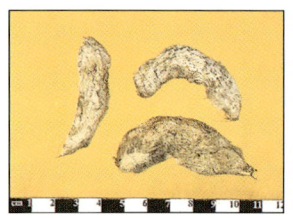

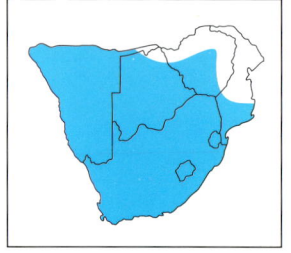

Beschreibung Färbung des Körpers und der Läufe rot bis orangebraun. Kehle, Unterseite und Innenseite der Läufe weißlich. Das kennzeichnende Merkmal ist die schwarze Rückenfärbung, die breit über den Schultern, doch schmaler zum Schwanz hin wird. Die Ohren stehen aufrecht und sind spitzer als die des Streifenschakals. Es fehlen die weiße Schwanzspitze und der Seitenstreifen des Streifenschakals.

Geschlechtsunterschied Männchen etwas stärker als Weibchen.

Habitat Kommen in den meisten und sogar trockensten Gebieten vor.

Gewohnheiten Schabrackenschakale jagen meist alleine. Tag- und nachtaktiv; man sieht sie am häufigsten während der Morgen – und Abenddämmerung. Sie sind schlau und scheu und haben einen hervorragenden Geruchssinn. Sie bewegen sich oft in schnellem Trab. Sie sind Aasfresser und jagen kleine Säugetiere und Vögel; sie können lange Zeit ohne Wasser auskommen. Tagsüber ruhen sie in alten Erdferkel- oder anderen Schlupfwinkeln. Häufiger als Streifenschakale gibt es auch außerhalb von Naturreservaten noch Schabrackenschakale.

Lautäußerungen Ein langes, fast unheimliches "nyaaa" und "na-ha-ha-ha".

Nachwuchs Ein bis sechs, selten bis zu neun Junge werden zwischen Juli und Oktober nach einer Tragzeit von etwa 2 Monaten geboren.

Veronica Roodt

Duncan Butchart/African Images

Gewicht	♂ 3,4–4,9 kg.
	♀ 3,2–5,3 kg.

| **Nahrung** | Insekten, Skorpione, Spinnen, Mäuse und Früchte. |

| **Lebenserwartung** | ± 12 Jahre. |

| **Feinde** | Schabrackenhyäne, Leopard, Löwe. |

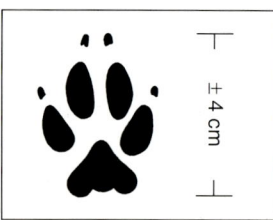

± 4 cm

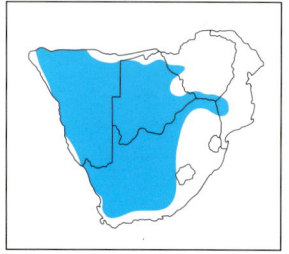

Löffelhund

Bat-eared Fox
Otocyon megalotis

Beschreibung Die Färbung ist ein helles Braungrau mit hellerer Unterseite, Kehle und Stirn. Ohrenränder und Beine sind schwarz. Das Fell ist dicht und flaumig. Der buschige schwarze Schwanz und große Ohren sind charakteristisch. Der Löffelhund ist nicht mit Schakalen verwandt und unterscheidet sich vom Kapfuchs durch seine größeren Ohren und das Fehlen des silbrigen Glanzes.

Geschlechtsunterschied Weibchen etwas schwerer als Männchen.

Habitat Offenes Gelände in Trockensavannen und halbtrockenen Gegenden.

Gewohnheiten Löffelhunde trifft man paarweise oder im Familienverband von bis zu 6 Tieren an. Sie sind tag- und nachtaktiv; die wärmste Zeit des Tages wird in der Kühle von Erdferkellöchern oder selbstgegrabenen Höhlen verbracht. Sie besitzen einen guten Gehör – und Geruchssinn und mit Hilfe dieses scharfen Gehörs finden sie Insektenlarven auch in der Erde. Obwohl es weithin geglaubt wird, reißen Löffelhunde weder Schafe noch Lämmer.

Lautäußerungen "Hu-hu" Geräusch, oder ein schriller, keckernder Alarmruf der Jungen.

Nachwuchs Zwei bis sechs Junge werden zwischen September und November nach einer Tragzeit von etwa 2 Monaten geboren.

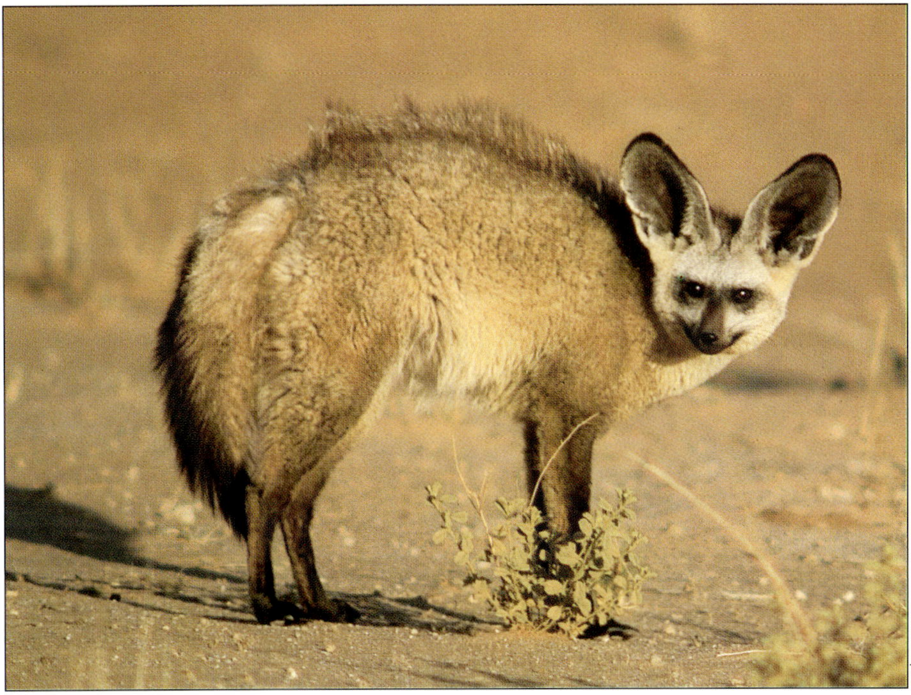

Koos Delport

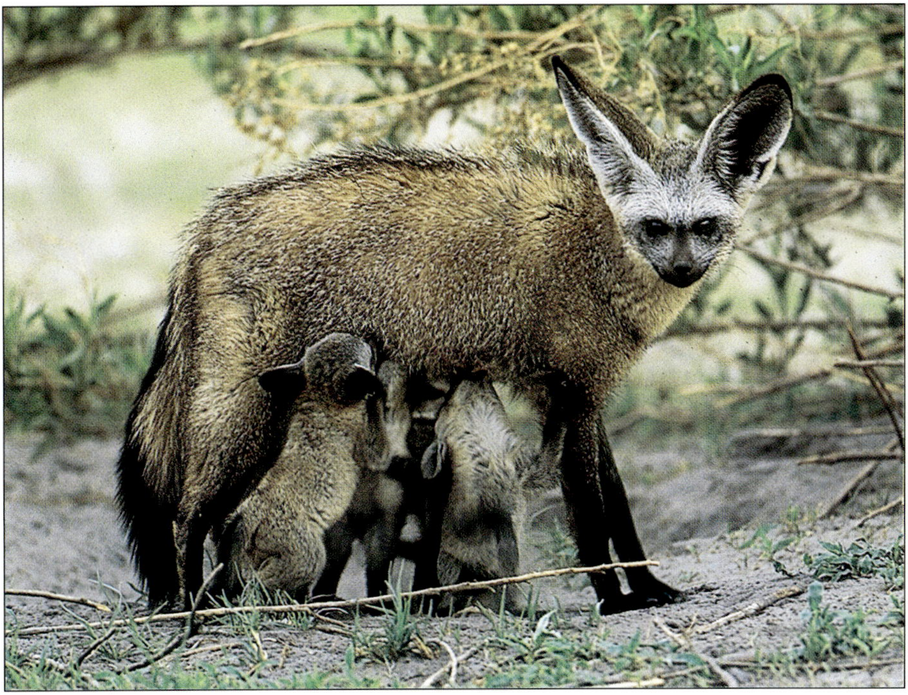

Richard du Toit

Kapfuchs

Cape Fox
Vulpes chama

Gewicht ♂ ± 2,8 kg.
♀ ± 2,5 kg.

Nahrung Mäuse, Insekten, Reptile, Spinnen, Vögel.

Lebenserwartung Unbekannt.

Feinde Leopard, Löwe, Python.

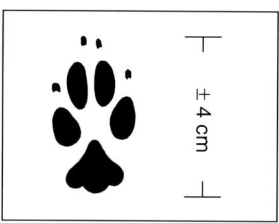

± 4 cm

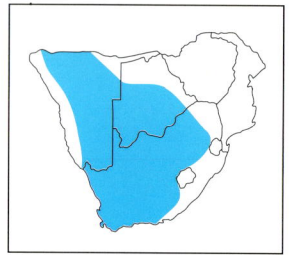

Beschreibung Aus der Nähe erscheint der Balg silbergrau, aus der Entfernung jedoch grau. Die Vorderläufe sind an der oberen Hälfte rotbraun, und die Hinterläufe haben dunkle Flecken. Der Kopf ist rötlichbraun mit weißen Backen, die Kehle fahlgelb, der Bauch weiß mit rostfarbenem Glanz. Der Schwanz ist dunkler, lang und buschig mit schwarzer Spitze. Der Kapfuchs ist der einzige wirkliche Fuchs im südlichen Afrika. Er ist kleiner als der Löffelhund, auch die Ohren sind im Verhältnis kleiner.

Geschlechtsunterschied Rüden ein wenig schwerer als Fähen.

Habitat Offene Steppe mit oder ohne Busch, offene trockene Gegenden mit Bäumen, Karoo, Buschveld und Fynbos.

Gewohnheiten Nachtaktiv und Einzelgänger; sind Kapfüchse besonders aktiv kurz nach Sonnenuntergang und kurz vor Sonnenaufgang. Tagsüber schlafen sie in Erdlöchem oder im Schutz von hohem Gras. Wenn Welpen großgezogen werden, wird das Territorium um den Bau verteidigt. Der Kapfuchs ist ein starker Gräber und gräbt seine eigenen Baue oder modifiziert alte Springhasenbaue. Fängt hauptsächlich Mäuse und nicht, wie oft fälschlich geglaubt Schafe und Lämmer.

Lautäusserungen Ein helles heulendes Bellen.

Nachwuchs Ein bis fünf Junge werden zwischen Oktober und November nach einer Tragzeit von etwa 2 Monaten geboren.

Auch Kamafuchs.

Koos Delport

Nigel Dennis

Honigdachs

Honey Badger
Mellivora capensis

Gewicht 7,9–14,5 kg.

Nahrung Vögel, Früchte, Skorpione, Spinnen, Reptile, Honig und Bienenlarven.

Lebenserwartung ± 24 Jahre.

Feinde Löwe, Python.

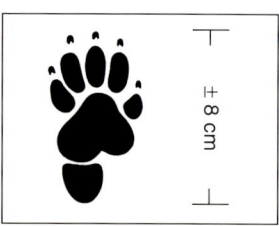

± 8 cm

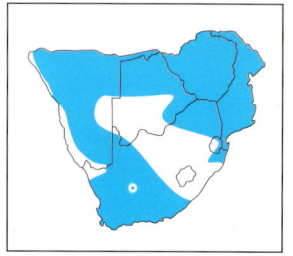

Beschreibung Der Körper ist schwarz mit einer breiten weißen oder bräunlich bis grauweißen Färbung über Kopf und Rücken. Es ist ein stämmiges Tier mit kurzen Beinen, und starken Krallen, ideal zum Graben. Hinten etwas höher gebaut als vorne. Der Schwanz ist kurz und schwarz, die Ohren sind sehr klein. Die Haut ist außergewöhnlich dick und lose zum Schutz vor Feinden.

Geschlechtsunterschied Keiner.

Habitat Sehr anpassungsfähig und kommt in allen Gebieten außer Wüsten vor.

Gewohnheiten Meist Einzelgänger, doch sieht man manchmal 2 bis 3 zusammen. Hauptsächlich nachtaktiv, sind auch häufig am Tag zu sehen. Der Gang ist rollend, die Nase dicht am Boden. Graben nach Spinnen, Skorpionen, Reptile und Bienen. Man sagt, der Honiganzeigervogel führe den Honigdachs zu Bienenwaben und warte, bis der Dachs die Waben öffnet, um dann den Honig mitzuverzehren. Gelegentlich äußerst aggressiv und kämpfen mit anderen Tieren. Wenn sie Angst haben, verbreiten sie einen scharfen unangenehmen Geruch, ähnlich dem des Streifeniltis.

Lautäußerungen Knurren, Grunzen, schrilles Bellen und ein näselndes "harrr-harrr".

Nachwuchs Meist zwei Junge werden zwischen Oktober und Januar nach einer Tragzeit von etwa 6 Monaten geboren.

Auch Ratel.

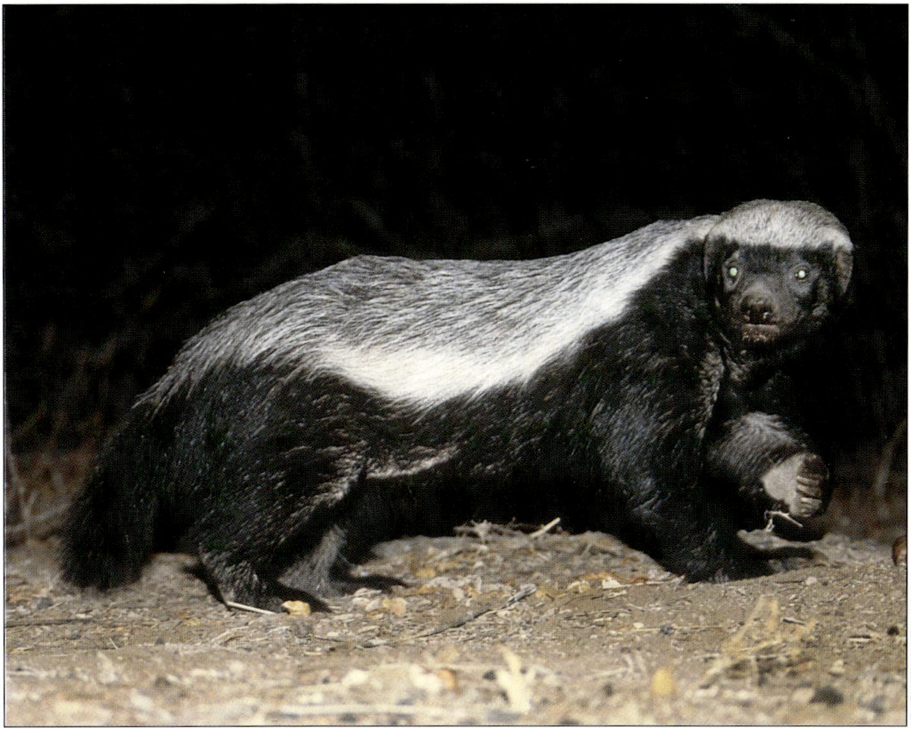

Aaron Frankental/ABPL

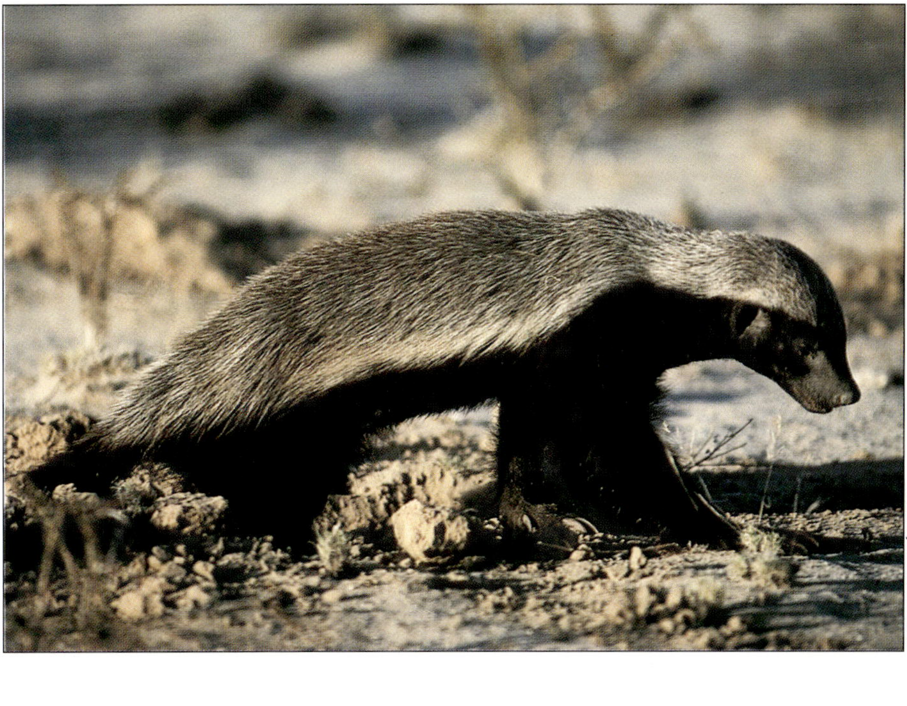

Anthony Bannister/ABPL

Afrikanische Zibetkatze

African Civet
Civettictis civetta

Gewicht ♂ 9,5–13,2 kg.
♀ 9,7–20,0 kg.

Nahrung Insekten, Mäuse, wilde Früchte, Reptilien, Vögel.

Lebenserwartung ± 12 Jahre.

Feinde Löwe, Leopard, Python.

Beschreibung Dieses katzenartige Tier ist weißgrau mit undeutlicher Fleckung am Vorderkörper, nach hinten deutlicher werdend, z.T. in Streifen übergehend. Zwischen den Ohren beginnt ein schwarzer Streifen, der über den Rücken läuft und in der Schwanzspitze endet. Auch das Gesicht ist schwarz, weist aber beidseitig der Nase zwei große weiße Flecken auf. Die Ohren sind gerundet mit weißen Rändern.

Geschleichtsunterschied Männchen leichter als Weibchen gebaut.

Habitat Wälder mit dichtem Unterholz.

Gewohnheiten Zibetkatzen sind ausschließlich nachtaktiv mit Haupttätigkeitsperioden in den frühen Nachtstunden oder kurz vor Sonnenaufgang, wo man sie bisweilen sehen kann. Meist Einzelgänger. Klettern gelegentlich, bewegen sich jedoch hauptsächlich am Boden, Pfade oder Wechsel benutzend. Ihr Gang ist zielstrebig mit tief gesenktem Kopf.

Sie sind sehr scheu und verhalten sich bei Störungen bewegungslos oder legen sich ganz flach hin, ihrer Tarnung mehr vertrauend als der Flucht.

Lautäußerungen Ein leises drohendes Knurren und ein hustendes Bellen.

Nachwuchs Ein bis vier Junge werden zwischen August und Dezember nach einer Tragzeit von etwa 2 Monaten geboren.

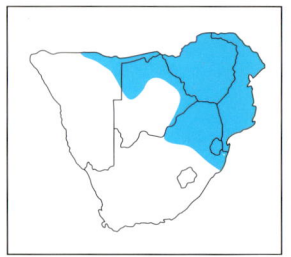

Kleinfleckenginsterkatze

Small-spotted Genet
Genetta genetta

Gewicht ♂ 1,6–2,6kg
♀ 1,5–2,3 kg

Nahrung Mäuse, Ratten, Grashüpfer, Käfer, Spinnen, Vögel, Schlangen

Lebenserwartung ± 12 Jahre.

Feinde Löwe, Leopard, Python.

Beschreibung Ein katzenähnliches Tier mit langem schlankem Körper und kurzen Beinen. Der sehr lange Schwanz ist schwarz und weiß geringt. Die Körperfarbe ist gräulich weiß mit schwarzen bis rostbraunen Flecken. Die dunkle Haarmähne ist länger als die der Großflecken-ginsterkatze, ihr Kinn ist weiß und der Schwanz endet in einer langen Spitze.

Geschlechtsunterschiede Keine

Habitat Bevorzugt dürre und offenere Gebiete als die Großgefleckenginsterkatze; Waldgebiete mit trockenem Marschland oder Grasflächen; auch dürres Buschveld und trockenen am Fluss gelegenen Baumbestand.

Gewohnheiten Überwiegend nachtaktiv und bleibt während des Tages im Schutz von Boden- oder Baumstammlöchern. Gewöhnlich Einzelgänger oder paarweise. Sucht die Nahrung auf dem Boden, kann aber nach einem Beutezug oder wenn sie gejagt wird, auch auf Bäume klettern. Bewegt sich in schnellem Trott in geduckter Jagdhaltung, den Schwanz waagerecht tragend. Auf Beutezug bewegt sie sich sehr langsam in angriffsgerechter Haltung.

Lautäußerung Brummen und Fauchen.

Nachwuchs Zwei bis vier Junge werden zwischen August und September nach einer Tragzeit von 10 bis 11 Wochen geboren.

Auch Ginsterkatze.

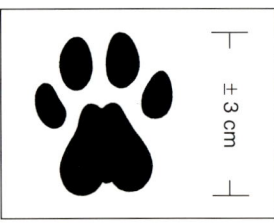

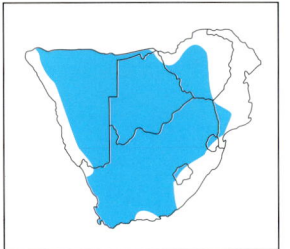

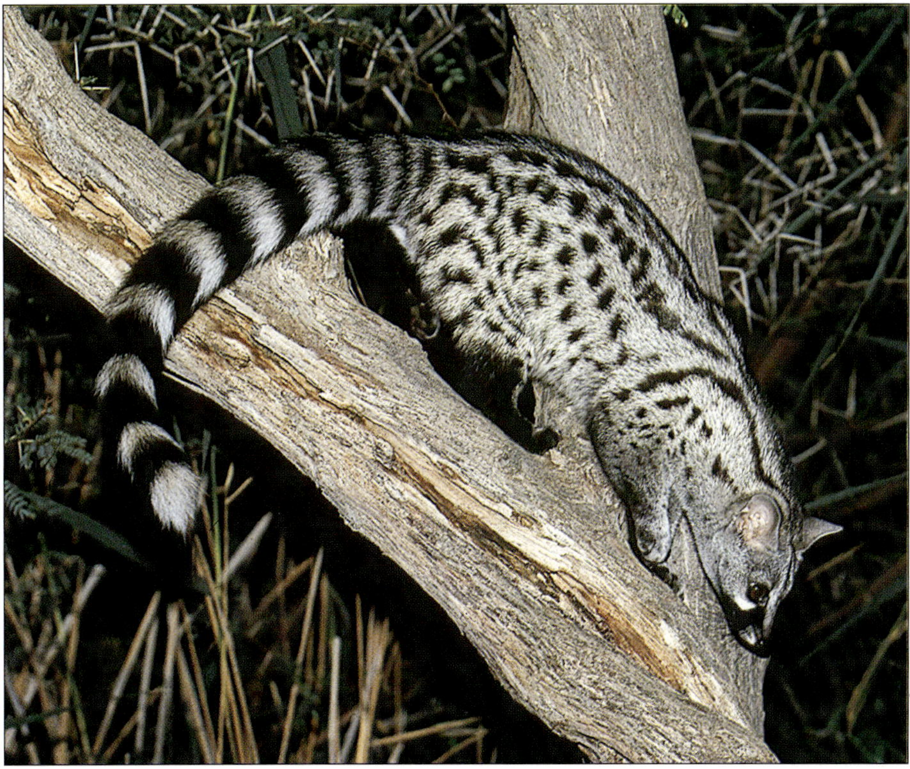

Robert Nunnington/ABPL

Clem Haagner

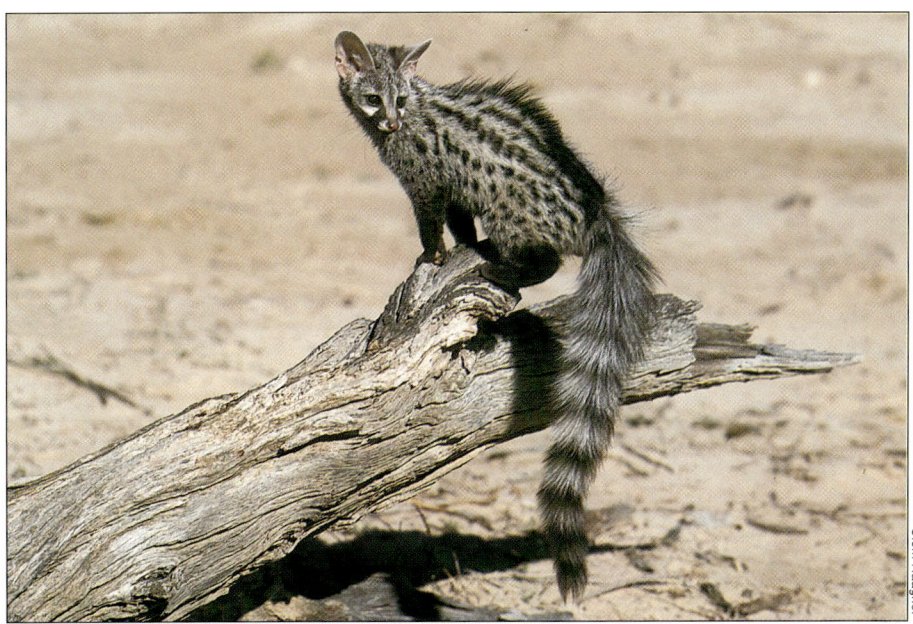

Großfleckenginsterkatze

Large-spotted Genet
Genetta tigrina

Gewicht 1,4–3,2 kg.

Nahrung Ratten, Mäuse, Heuschrecken, Käfer, Vögel, manchmal Krabben.

Lebenserwartung ± 13 Jahre.

Feinde Leopard, Löwe, Python.

± 3 cm

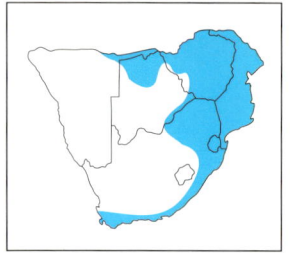

Beschreibung Dieses kleine katzenähnliche Tier ist weiß bis grauweiß mit Flecken und Streifen, die farblich von schwarz bis rostbraun variieren. Der lange Schwanz ist ringförmig gestreift deutlicher, dunkler Streifen über den Rücken. Weiße Flecken beiderseits der Nase und unter den Augen, sind durch ein schwarzes Dreieck voneinander getrennt. Die gerundeten Ohren stehen aufrecht. Die Kleinfleckenginsterkatze hat ein schwarzes Kinn und eine weiße Schwanzspitze.

Geschlechtsunterschied Keiner.

Habitat Bevorzugen Wassernähe und genügend Deckung.

Gewohnheiten Meist Einzelgänger, bisweilen paarweise. Nachtaktiv, erst einige Stunden nach Sonnenuntergang munter. Tagsüber schlafen sie in alten Erdferkel – oder Springhasenbauen oder in hohlen Baumstümpfen; jagen auf der Erde, sind durchaus auch in Bäumen zu Hause, wo sie auch Zuflucht suchen. Sie springen gewandt von Baum zu Baum und sind aufmerksam und flink, bewegen sich schnell mit gesenktem Kopf und horizontalem Schwanz. Noch häufig auch außerhalb von Naturreservaten zu finden.

Lautäußerungen Knurren und Fauchen.

Nachwuchs Zwei bis fünf Junge werden zwischen August und März nach einer Tragzeit von etwa 2 Monaten geboren.

Auch Ginsterkatze.

Lex Hes

Burger Cillié

Streifeniltis

Striped Polecat
Ictonyx striatus

Gewicht ♂ 681–1 460 g.
♀ 596–880 g.

Nahrung Insekten, Mäuse, Reptile, Spinnen, Skorpione und Tausendfüßler.

Lebenserwartung ± 8 Jahre.

Feinde Schabrackenhyäne, Karakal.

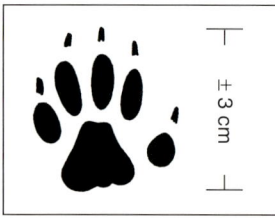

± 3 cm

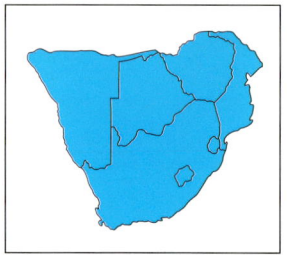

Beschreibung Kleines schwarzweiß gestreiftes Raubtier mit kurzen Beinen. Vier weiße Streifen vom Kopf aus fast parallel über die Länge des schwarzen Körpers treffen sich an der Schwanzspitze; weiße Flecken sind unter den Ohren und auf der Stirn. Der dicht buschige Schwanz hat langes schwarzweißes Haar. Oberflächlich gesehen ist das Weißnackenwiesel ähnlich, aber kleiner und hat keine Flecken am Kopf, sondern eine geschlossene weiße Kappe.

Geschlechtsunterschied Männchen größer als Weibchen.

Habitat Lebt in fast jeder Habitatart, von wüstenähnlichen Buschlandschaften bis zu Wäldern, ist nirgends häufig zu sehen.

Gewohnheiten Meist Einzelgänger, manchmal paarweise oder Weibchen mit Jungen. Territorial, nachtaktiv, erst spät nachts und nur sehr selten am Tag zu sehen. Bewegt sich mit auffallend gekrümmtem Rücken. In weichem Boden graben sie ihren eigenen Bau, sonst werden fremde Baue oder Schlupfwinkel unter Geröll oder in Felsspalten benutzt. Die Analdrüsen spritzen bei Bedrohung eine äußerst übelriechende Flüssigkeit aus.

Lautäußerungen Knurren und Bellen.

Nachwuchs Ein bis drei Junge werden zwischen Oktober und März nach einer Tragzeit von 5 bis 6 Wochen geboren.

Auch Bandiltis, Zorilla.

Anthony Bannister/ABPL

Anthony Bannister/ABPL

Fuchsmanguste

Yellow Mongoose
Cynictus penicillata

Gewicht 440–900 g.

Nahrung Käfer, Termiten, Grillen, Heuschrecken, Mäuse, Vögel, Reptile.

Lebenserwartung ± 12 Jahre.

Feinde Leopard, Löwe, Schabrackenhyäne, Karakal, Afr. Wildkatze.

Beschreibung Meistens ist die Fuchsmanguste gelbbraun oder leicht gelbrötlich mit weißer Schwanzspitze. Im Norden Botswanas gibt es eine graumelierte kleinere Variante ohne die weiße Schwanzspitze, mit kürzerem Haar und Schwanz. Läufe, Kinn, Kehle und Brust sind immer heller als der restliche Körper.

Geschlechtsunterschied Keiner.

Habitat Offene Grassteppen, meiden buschiges Gelände.

Gewohnheiten Gesellige Tiere, leben paarweise oder in Kolonien bis zu 20 oder mehr Mitgliedern. Die Kolonien in Botswana sind gewöhnlich kleiner. Gesellen sich oft zu Surikaten oder Erdhörnchen, graben jedoch durchaus eigene Baue, die aus einer Vielzahl von Tunneln und Eingängen bestehen. Tagaktiv, z.T. auch nach Dunkelheit. Entfernen sich bei der Nahrungssuche weit vom Bau und benutzen bei Gefahr den nächstbesten Schlupfwinkel.

Lautäußerungen Unbekannt.

Nachwuchs Zwei bis fünf Junge werden zwischen Oktober und März nach einer Tragzeit von etwa 8 Wochen geboren.

Auch Gelbe Manguste.

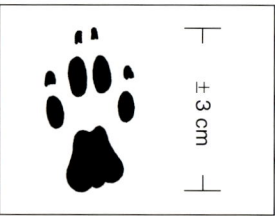

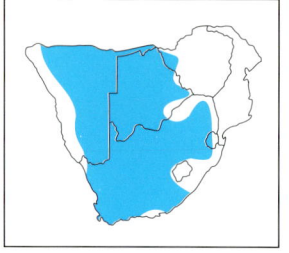

Lex Hes

Duncan Butchart/African Images

Rotichneumon

Slender Mongoose
Galerella sanguinea

Gewicht ♂ 450–650g
♀ 410–530g

Nahrung Termiten, Ameisen, Mäuse, Eidechsen, Früchte, Käfer, Vogeleier.

Lebenserwartung
± 8 Jahre.

Feinde Leopard, Löwe, Schabrackenschakal, Zibet.

± 3 cm

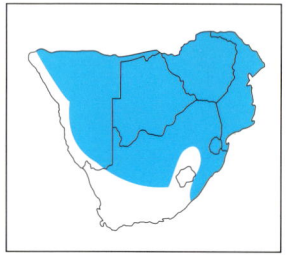

Beschreibung Wenn sich die schlank gebaute Manguste mit langem Schwanz mit einer schwarzen Spitze (daher in Afrikaans ihr Name) fortbewegt, ist der Schwanz in einem charakteristischen Bogen gekrümmt, ähnlich dem des Löwen. Im Nordwesten ist die Farbe ein dunkles Rotbraun, variiert zum Südosten mit Schattierungen von Braun und Orangerot zu Gelblichgrau, ist immer gefleckt. Die in Herden lebenden Fuchsmangusten sind gewöhnlich gelblicher mit weißer Schwanzspitze.

Geschlechtsunterschied Männchen sind etwas größer als Weibchen.

Habitat Typisch in Savanne offenem Buschveld, auch in offenen Landschaften, wenn es genügend Schutz durch Felsen, Termitenhügel und alte Baumstümpfe gibt.

Gewohnheiten Hauptsächlich Tagtiere, die einige Zeit nach Sonnenaufgang erscheinen, fressen einzeln; bleiben überwiegend am Boden, aber klettern manchmal in Bäume, um zu jagen oder vor Feinden zu fliehen. Wenn verängstigt, bleiben sie wie erstarrt stehen oder stehen auf ihren Hinterbeinen, um die Umgebung zu beobachten. In schnellem Lauf bevorzogen sie Fußpfade. Man sieht sie oft, wenn sie eilig die Straße überqueren.

Lautäußerungen Still, Junge rufen 'hey-nwie'.

Nachwuchs Ein bis zwei Junge werden zwischen Oktober und März geboren.

Auch Schlankichneumon.

Clem Haagner

Burger Cillié

Kleinichneumon

Small Grey Mongoose
Galerella pulverulenta

Gewicht ♂ 680–1 250g.
♀ 490–900 g.

Nahrung Hauptsächlich Insekten sowie Mäuse.

Lebenserwartung Unbekannt.

Feinde Leopard, Karakal, Schabrackenschakal.

Beschreibung Ist verwandt mit dem Rotichneumon, der in den nördlichen Gebieten anstelle des Kleinichneumon vorkommt. Aus der Entfernung sieht er grau aus, aber näher betrachtet ist er tatsächlich schwarz mit weißen oder gelblich braunen Tupfen. Tiere aus dem Nordwesten sind bräunlicher als jene des Südens. Die Kopfhaare sind kurz und liegen flach an, die Ohren sind etwas bedeckt. Das Haar an der Schwanzwurzel ist lang und wird kürzer zur Spitze hin. Die unteren Partien sind nicht getupft und die Beine sind dunkler als die oberen Partien.

Geschlechtsunterschiede Männchen etwas größer als Weibchen.

Habitat Nutzt die verschiedensten Gebiete vom Fynbos- und Waldgebiet zu sehr trockenen oder bergigen Gegenden mit wenig Vegetation.

Gewohnheiten Tagaktiv mit verminderter Aktivität zur wärmeren Tageszeit. Meist Einzelgänger, manchmal paarweise. Jungtiere bleiben in der Bruthöhle, bis sie entwöhnt sind, dann beginnen sie, sich in die Unabhängigkeit zu begeben. Sie bewegen sich meistens am Boden, können aber in Bäumen jagen. Nutzen Steinhaufen, Termitenbauten und andere Höhlen zum Schutz, wenn nicht genügend Vegetation zur Verfügung steht. Haben keine Angst vor Menschen und bevorzugen Trampelpfade.

Lautäußerung Unbekannt.

Nachwuchs Junge werden gewöhnlich zwischen August und Dezember geboren.

Auch Kleine Graumanguste.

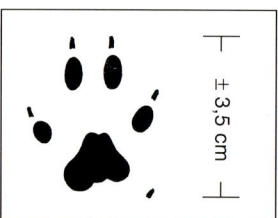

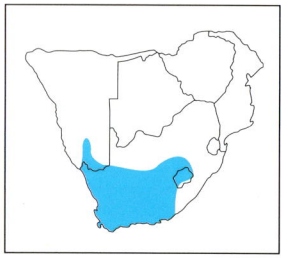

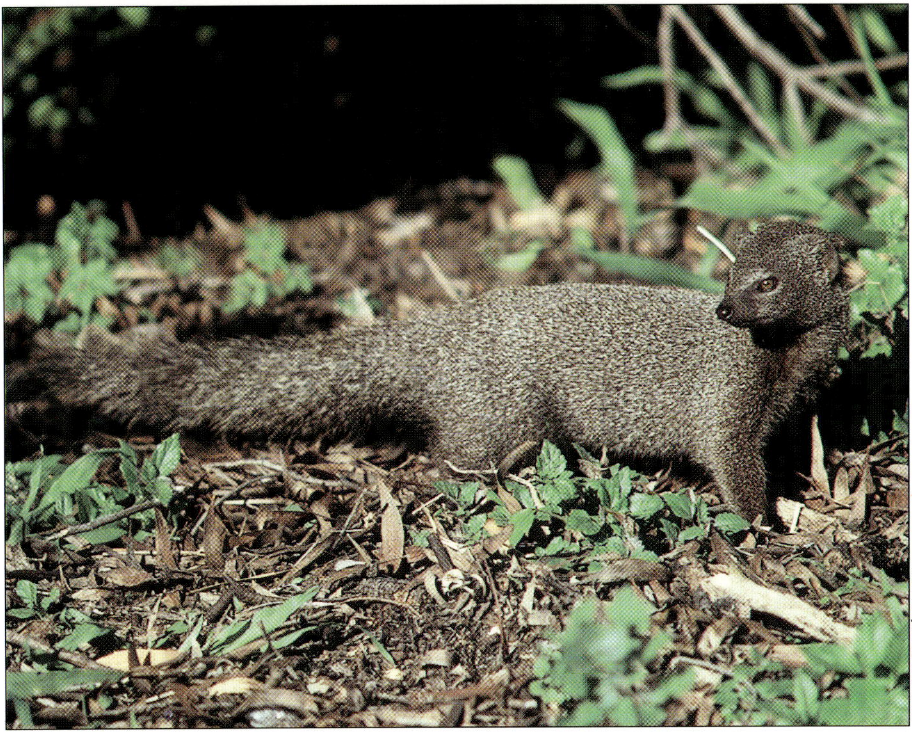

Peter Steyn/Photo access

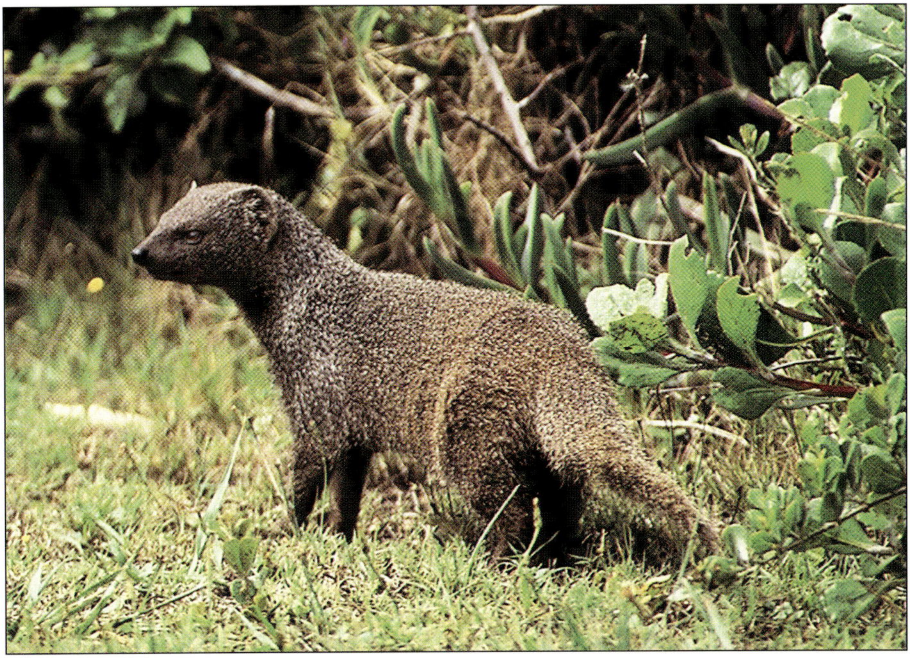

Andrew Deacon

Gewicht ♂ ± 4,5kg.
♀ ± 4,1kg.

Nahrung Käfer, Termiten, Heuschrecken, Mäuse, Frösche Laufvögel.

Lebenserwartung Unbekannt.

Feinde Leopard, Löwe.

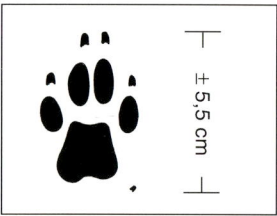

± 5,5 cm

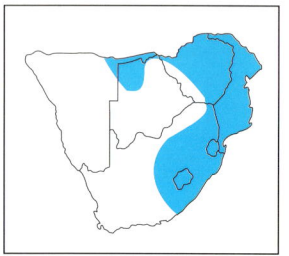

Weißschwanzmanguste

White tailed Mongoose
Ichneumia albicauda

Beschreibung Eine sehr große graubraune Manguste mit relativ langen schwarzen Beinen. Die letzten ⁴/₅ des langen Schwanzes sind mit langem weißem Haar bedeckt (daher der Name). Der Kopf ist etwas heller gefärbt als der übrige Körper. Die langen Hinterbeine lassen den Rücken beim Laufen etwas schief nach vorne neigen. Mellers Manguste (manchmal auch mit einem weißen Schwanz) ist kleiner mit weniger Weiß im Schwanzfell.

Geschlechtsunterschied Männchen sind etwas schwerer als Weibchen.

Habitat Waldgebiete mit viel Wasser. Auch an Flüssen und in Morast in trockeneren Gegenden, bevorzugen aber feuchte Savannen.

Gewohnheiten Als Nachttiere treten sie nur kurz nach Dunkelwerden in Erscheinung und sind gewöhnlich nur im ersten Teil der Nacht aktiv. Sie sind Bodentiere und schlafen während des Tages in alten Erdferkel- oder Springhasenbauen oder in dichtem Buschwerk. Trotten dahin mit die Nase tief am Boden. Wenn sie Angst haben, sträubt sich die lange Haarmähne auf dem Rücken. Oft in Menschennähe, wo sie Küken usw. jagen.

Lautäußerungen Meist stumm, Knurren, Bellen.

Nachwuchs Ein bis drei Junge zwischen September und Dezember geboren.

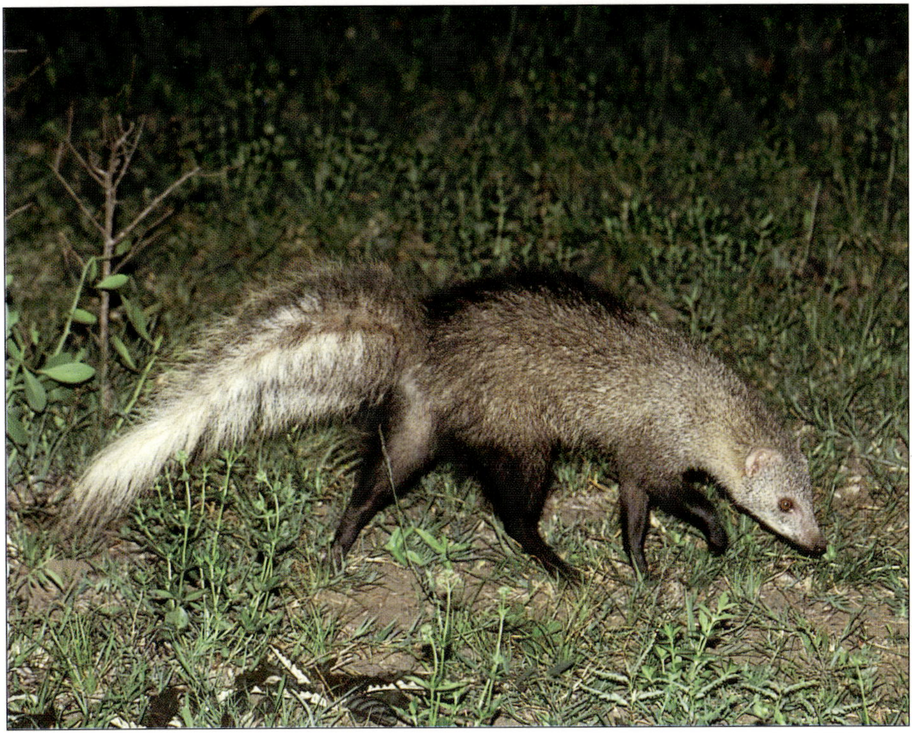

Luke Hunter/ABPL

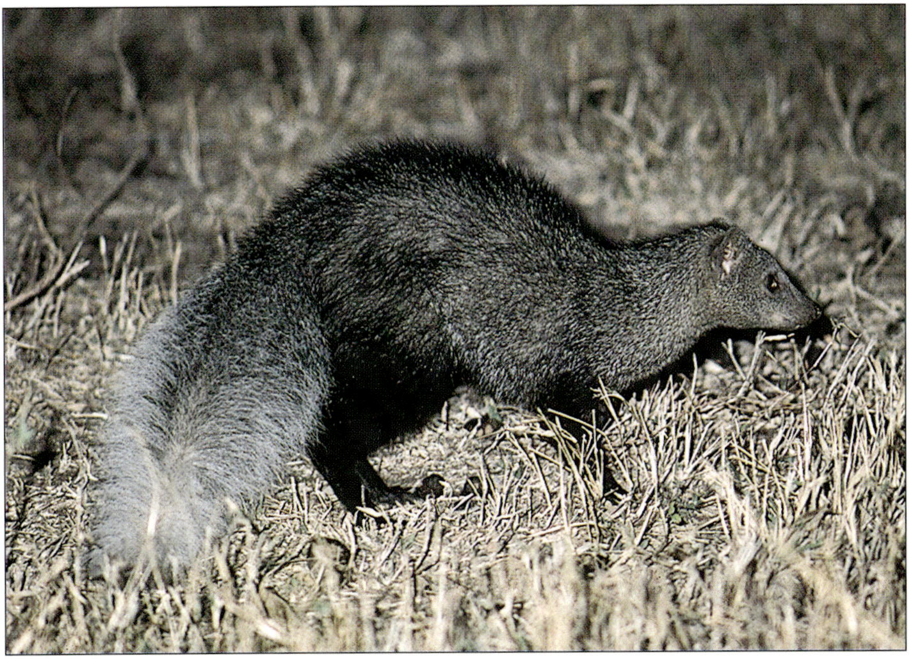

Lex Hes

Wassermanguste

Water Mongoose
Atilax paludinosus

Gewicht 2,4–4,1 kg.

Nahrung Frösche, Krabben, Mäuse, Fische, Insekten.

Lebenserwartung ± 11 Jahre.

Feinde Löwe, Serval, Python, Adler.

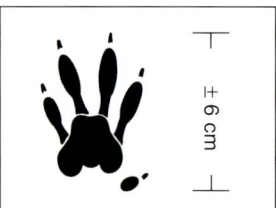

± 6 cm

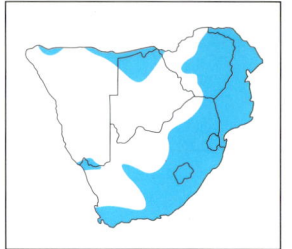

Beschreibung Eine recht große Manguste. Die Körperfarbe variiert von fast schwarz zu rostbraun und ist manchmal meliert. Kinn und Backen sind etwas heller, während die Läufe meist dunkler sind. Die Haare sind lang, besonders die des Schwanzes. Der Kopf ist groß und breit, die Ohren klein und flach anliegend. Im Vergleich dazu ist die Weißschwanzmanguste größer, dunkler mit auffallend weißem Schwanz.

Geschlechtsunterschied Keiner.

Habitat Stets in der Nähe von Flüssen, Bächen, Sümpfen, und Dämmen.

Gewohnheiten Leben einzeln außer in der Zeit der Jungenaufzucht. Hauptaktivität frühmorgens und spät nachmittags bis zur Dämmerung, an bewölkten Tagen länger aktiv. Schläft in dichter Deckung und bevorzugt zur Nahrungssuche Pfade und schlammige Fluss- und Dammufer. Schwimmt vorzüglich und sucht gelegentlich Schutz im Wasser.

Lautäußerungen Knurren und schrilles Bellen.

Nachwuchs Ein bis drei Junge werden geboren; die Tragzeit ist nicht bekannt.

Auch Sumpfmanguste, Sumpfichneumon.

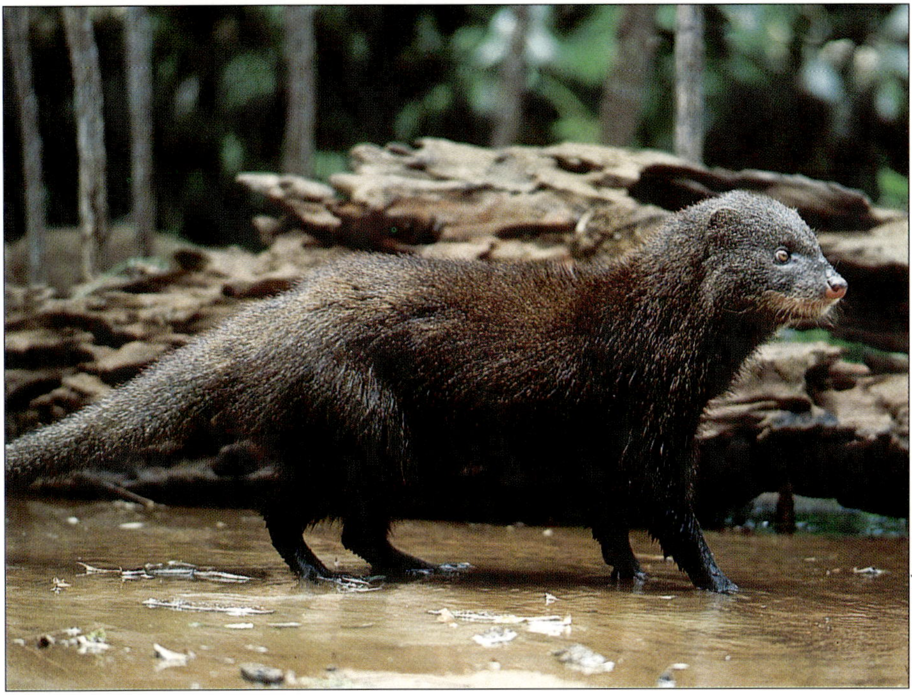

Anthony Bannister/ABPL

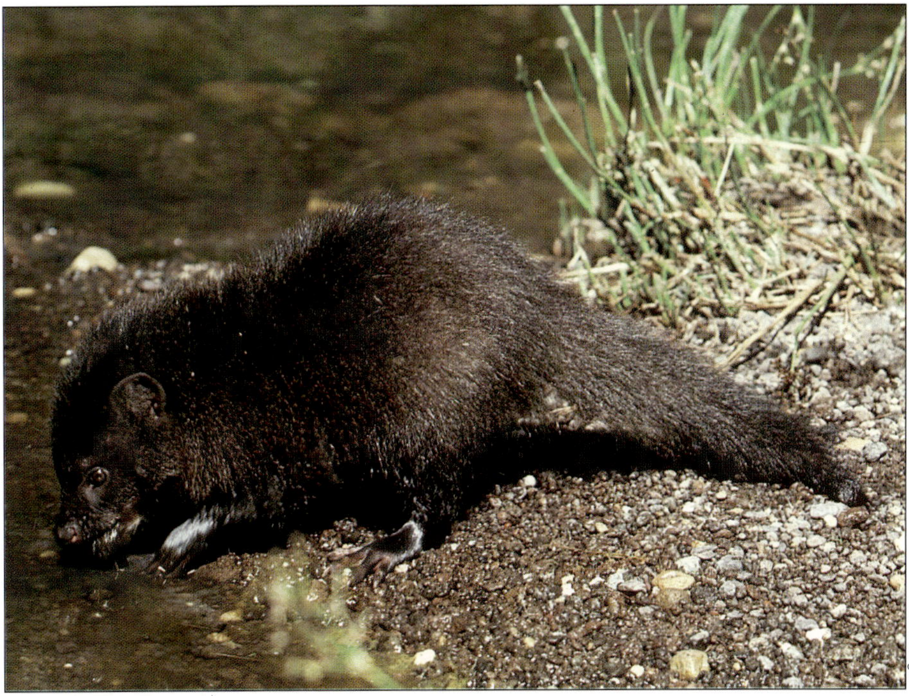

Eric Reisinger

Zebramanguste

Banded Mongoose
Mungos mungo

Gewicht 1,0–1,6 kg.

Nahrung Insekten, Schnecken, Reptile, Würmer, Vogeleier.

Lebenserwartung ± 8 Jahre.

Feinde Leopard, Löwe, Karakal, Zibet, Python, Adler.

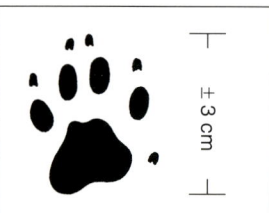

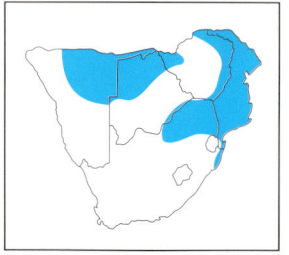

Beschreibung Eine kleine Manguste von hellgrauer bis rotbraun melierter Färbung, Beine zu den Füßen hin dunkler werdend. Die dunklen Querstreifen beginnen etwas hinter den Schultern und enden kurz vor dem Schwanzansatz. Streifen und Schwanzspitze variieren von Schwarz an dunkleren, zu braun an hellerfarbenen Tieren. Kleine runde Ohren und eine spitze Schnauze.

Geschlechtsunterschied Keiner.

Habitat Wälder entlang Flussufern und dichte Akaziengehölze mit Termitenhügeln und genügend Unterholz mit totem Holz und trockenem Pflanzenmaterial.

Gewohnheiten Gesellige Tiere, die Kolonien von 30 Tieren und mehr bilden. Bei der Nahrungssuche halten sie Kontakt durch ein stetes Gezwitscher. Bei Gefahr verstummen alle, während einige sich auf die Hinterbeine aufrichten, um die Umgebung zu beobachten. Dann fliehen alle leise und suchen Schutz in Löchern – oder fahren mit der Nahrungssuche fort. Sie sind tagaktiv und verbringen die Nacht in ausgehöhlten Termitenhügeln. Obwohl kletterfähig, halten sie sich meist am Boden auf.

Lautäußerungen Zwitschern oder ein lautes Keckern bei Gefahr.

Nachwuchs Zwei bis acht Junge werden zwischen Oktober und Februar nach einer Tragzeit von etwa 8 Wochen geboren.

Auch Mungo.

Richard du Toit

Burger Cillié

Zwergmanguste

Dwarf Mongoose
Helogale parvula

Gewicht 210–340 g.

Nahrung Insekten, Schnecken, Skorpione, Heuschrecken.

Lebenserwartung ± 6 Jahre.

Feinde Leopard, Löwe, Schabrackenschakal, Zibet, Python, Adler.

Beschreibung Dies ist die kleinste Manguste im südlichen Afrika. Von Weitem erscheint sie dunkelbraun, beim näheren Hinsehen fällt die deutliche helle Melierung auf. Die Bauchbehaarung ist spärlicher. Die Ohren sind klein, doch aufgrund der kurzen Kopfbehaarung auffallender als bei den übrigen Mangusten. Die Krallen der Vorderpfoten sind lang und zum Graben geeignet.

Geschlechtsunterschied Keiner.

Habitat In trockenen Wäldern mit hartem, steinigem Boden, in der Nähe von Termitenhügeln, Baumstümpfen und Geröll.

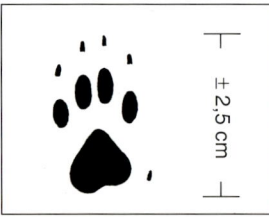

Gewohnheiten Gesellig, bilden Kolonien von 10 und mehr Tieren. Sie beziehen ständigen Wohnsitz in einem alten Termitenhügel oder einem selbstgegrabenen Bau, dessen Eingang meist unter einem alten Baumstamm liegt. Tagaktiv, erscheinen sie erst lange nach Sonnenaufgang und gehen vor Sonnenuntergang wieder in den Bau. Bei der Nahrungssuche entfernen sich die Truppmitglieder recht weit voneinander, halten jedoch Verbindung durch "Tschuck"-Geräusche. Auf ihren Alarmruf hin verhalten sich alle Tiere regungslos bis auf einige, die aufrecht stehend Auschau halten. Sie sonnen sich gerne.

Lautäußerungen "Perrip" oder "Tschuk", oder ein Alarm-"Schuschwe".

Nachwuchs Zwei bis vier Junge werden zwischen Oktober und März nach einer Tragzeit von etwa 8 Wochen geboren.

Auch Südliche Zwergmanguste.

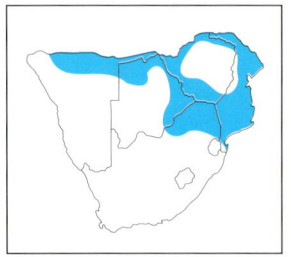

Surikate

Suricate
Suricata suricatta

Gewicht 620–960 g.

Nahrung Würmer, Insekten, Larven, Mäuse, Schlangeneier.

Lebenserwartung ± 12 Jahre.

Feinde Leopard, Löwe, Schabrackenschakal.

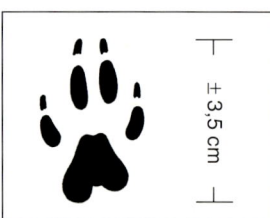

± 3,5 cm

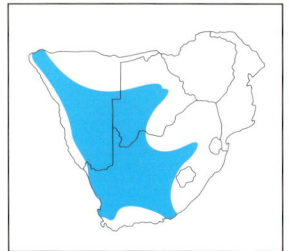

Beschreibung Färbung silberbraun, manchmal etwas heller. Von den Schultern abwärts finden sich dunkle Flecken, die z.T. Querstreifen bilden. Charakteristisch ist der dunkle spitze Schwanz. Der Kopf ist breit mit dunklen Augenfeldern. Ein schmaler dunkler Streifen läuft über den Augen bis zu den Ohrenspitzen. Die Hinterbeine sind wesentlich stärker gebaut als die Vorderbeine.

Geschlechtsunterschied Keiner.

Habitat Offenes Gelände auf harten kalkhaltigen oder steinigen Böden.

Gewohnheiten Surikaten sind verspielte, tagaktive Tiere, die erst nach Sonnenaufgang ihre Baue verlassen und oft eine ganze Weile der Sonne zugewandt sitzen. Sie leben in Kolonien bis zu 20 Tieren und bewohnen entweder alte Erdhörnchenbaue oder graben ihr eigenes Höhlensystem mit vielen Tunneln, Korridoren und Eingängen. Eine typische Haltung ist aufrecht sitzend oder auf den Hinterbeinen stehend und aufmerksam die Umgebung beobachtend. Wenn nicht gerade ins Spiel vertieft, graben sie emsig nach Nahrung und wenden dabei auch häufig Steine um.

Lautäußerungen Ein scharfes, lautes Alarmbellen.

Nachwuchs Zwei bis fünf Junge werden zwischen Oktober und März nach einer Tragzeit von 10 bis 11 Wochen geboren.

Auch Erdmännchen und Scharrtier.

Burger Cillié

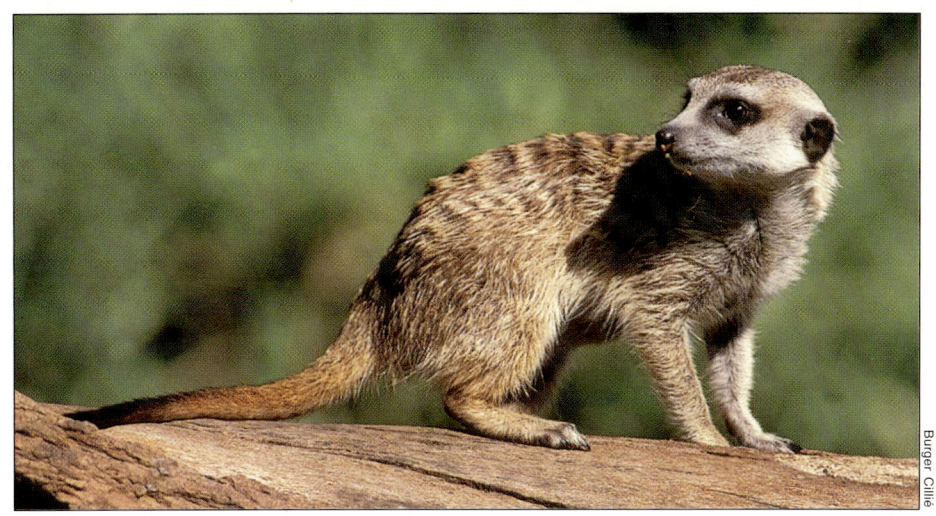

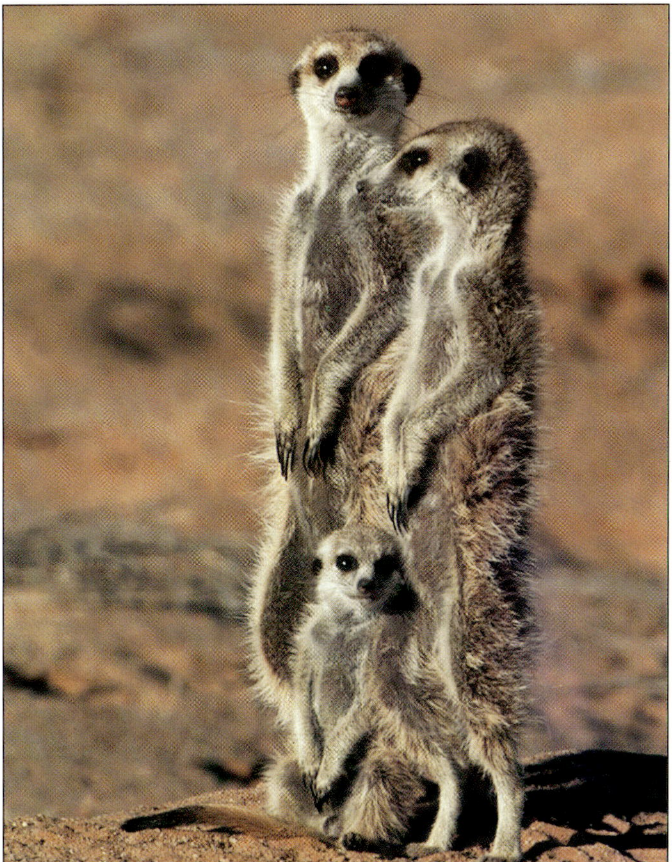

Cobie Botha

Gewicht 10–18 kg.

Nahrung Frösche und Krabben, doch auch Fische, Vögel, Insekten und Reptilien.

Lebenserwartung ± 15 Jahre.

Feind Python.

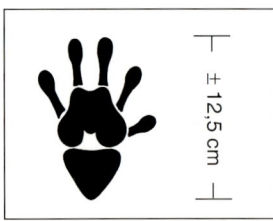

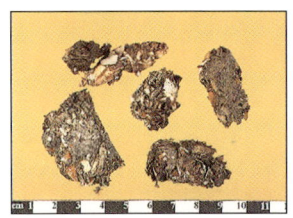

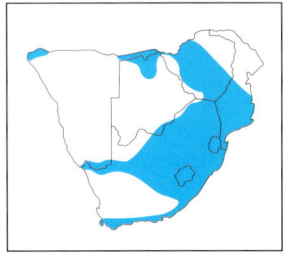

Kapotter

Cape Clawless Otter
Aonyx capensis

Beschreibung Das wertvolle Fell ist dicht und glänzend. Die Körperoberseite ist braun, der Rest etwas heller, meist von vorne nach hinten dunkler werdend. Kehle und Kopfseiten sind weiß bis unter die Augen und Ohren. Die Zehen der Hinterbeine sind deutlich durch Schwimmhäute verbunden. Zum Unterschied zum Fleckenhalsotter ist die Kehle ungefleckt und die Vorderpfoten sind krallenlos. Größer als der Fleckenhalsotter.

Geschlechtsunterschied Keiner.

Habitat Gewöhnlich in oder in der Nähe von Flüssen, Sümpfen, Dämmen oder Seen. Gelegentlich weit vom Wasser auf Suche nach neuen Nahrungsgebieten.

Gewohnheiten Meist einzeln, sonst auch paarweise oder im Familienverband. Tagaktiv sieht man sie am häufigsten frühmorgens und spät nachmittags. Selten auch nachts aktiv. Wenn es warm wird, ruhen sie an trockenen Stellen, doch die meiste Zeit wird im Wasser verbracht. Beim Auftauchen schütteln sie erst den Kopf und dann den ganzen Körper und rollen im Ufersand, um sich zu trocknen. Von Natur aus verspielt, jagen sie sich gegenseitig im Wasser.

Lautäußerungen Schriller Schrei, schnurrendes zufriedenes Knurren, faucht und knurrt, wenn verärgert. Alarmruf ein explosives "Ha".

Nachwuchs Ein Junges wird irgendwann im Jahr nach einer Tragzeit von etwa 9 Wochen geboren, selten zwei.

Auch Fingerotter.

Roger de la Harp/ABPL

Anthony Bannister/ABPL

Oben – Ockerfußbuschörnchen (Burger Cillié), rechts – Nachtäffchen (Clem Haagner/ABPL)

Kleine Saugetiere

Alle anderen kleinen Pflanzen-, Fleisch- und Insektenfresser.

Gewicht ♂ 41–65 kg.
♀ 40–58 kg.

Nahrung Vorwiegend Termiten und Ameisen.

Lebenserwartung ± 10 Jahre.

Feinde Leopard, Löwe.

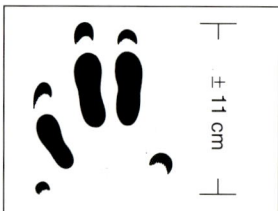

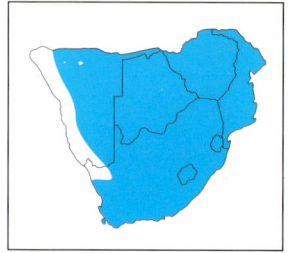

Erdferkel

Aardvark, Antbear
Orycteropus afer

Beschreibung Ein Tier mit langen Ohren, einer langen, schweineähnlichen Schnauze und einem dicken Schwanz. Die Haut ist sehr spärlich gelbgrau behaart, während die Beine dunkler sind. Es nimmt oft die Erdfarbe seiner Umgebung an, da es in unterirdischen Bauen schläft. Der hintere Teil der Körpers ist schwerer gebaut und zugleich höher als der Vorderteil. Die Beine sind ausgesprochen kräftig, und besonders die Vorderpfoten sind mit starken Krallen ausgestattet, die zum Graben und Aufbrechen von Termitenhügeln dienen.

Geschlechtsunterschied Männchen etwas schwerer als Weibchen.

Habitat Sehr anpassungsfähig und außer in Wüsten weit verbreitet.

Gewohnheiten Erdferkel sind Einzelgänger und suchen oft weit entfernt nach Nahrung, die Nase am Boden. Sie riechen und hören gut, aber sehen schlecht. Sie sind vor allem nachtaktiv, schlafen normalerweise tagsüber in einem Loch, das sie hinter sich zumachen. Erdferkel graben unglaublich schnell. Drei Bauarten werden unterschieden: solche, in denen die Jungen aufwachsen, ein zeitweiser Unterschlupf und drittens ein Loch, das auf der Suche nach Nahrung gegraben und nie wieder gebraucht wird. Die lange Zunge wird zum Termitenfangen gebraucht.

Lautäußerungen Schnaufen und Grunzen.

Nachwuchs Ein Junges wird nach einer Tragzeit von etwa 7 Monaten geboren.

Auch Ameisenbär.

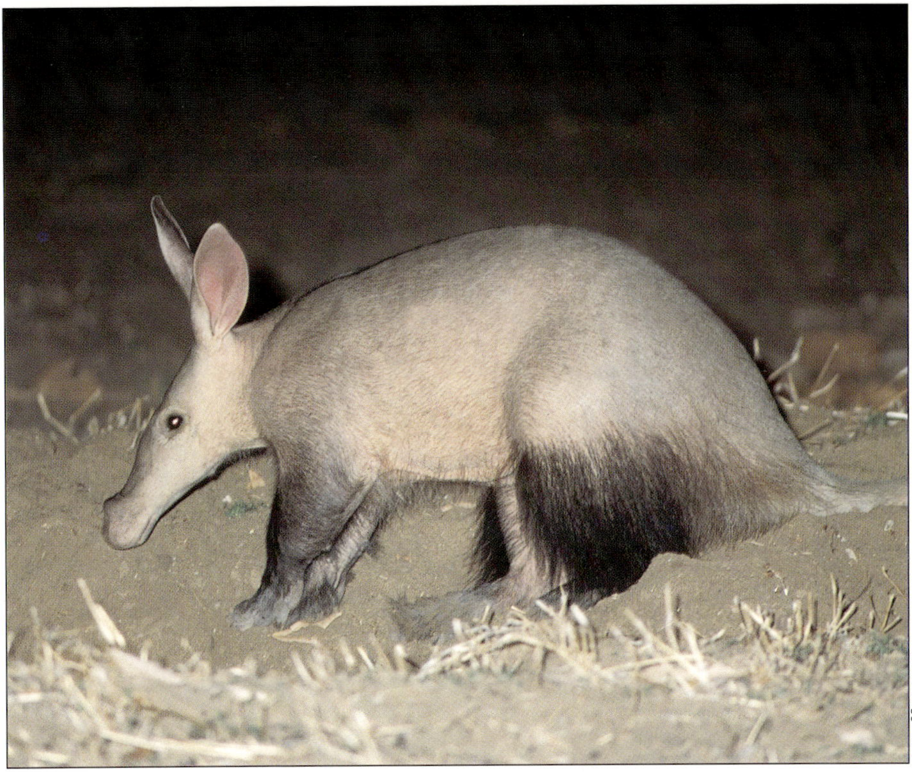

Keith Begg/ABPL

National Parks Board

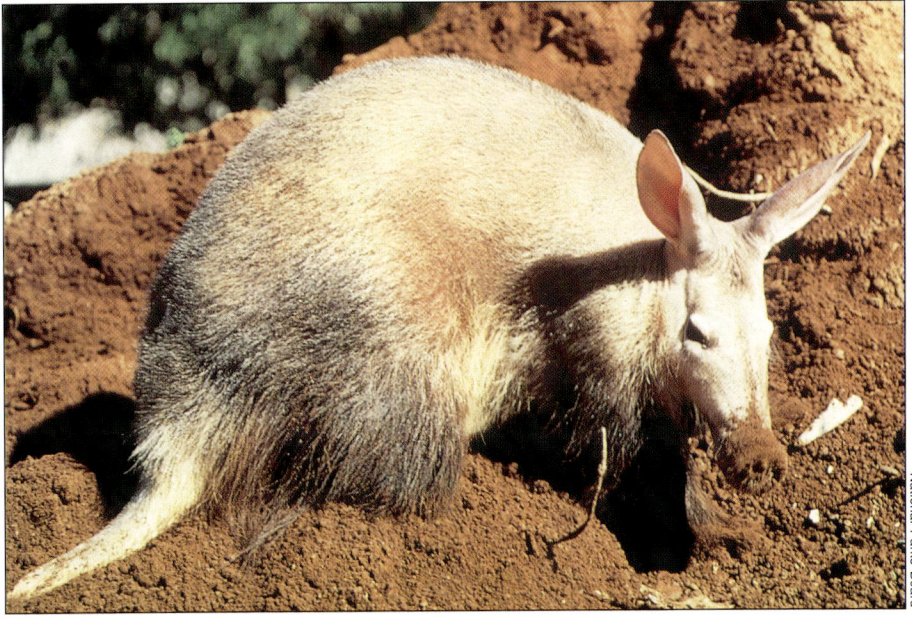

Steppenschuppentier

Pangolin
Manis temminckii

Gewicht 4,5–14,5 kg.

Nahrung Ameisen und Termiten.

Lebenserwartung ± 12 Jahre.

Feinde Keine.

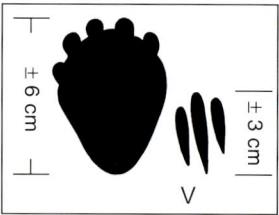

± 6 cm ± 3 cm
V

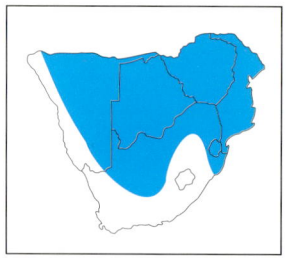

Beschreibung Das kennzeichnende Merkmal dieses Tieres sind seine harten dunkelbraunen, dachziegelartig angeordneten Schuppen, die den ganzen Körper bis auf die Kopfseiten und die Körperunterseite bedecken. Der Kopf ist klein, die Schnauze zugespitzt. Es bewegt sich hauptsächlich auf den Hinterbeinen, nur gelegentlich die Vorderbeine mitbenutzend. Die Vorderpfoten sind mit langen gekrümmten Krallen ausgestattet, mit denen es gräbt. Ein sonderbares Tier und sehr selten zu sehen.

Geschlechtsunterschied Keiner.

Habitat Bevorzugen sandigen Boden in sehr trockenen bis feuchten Savannen mit genügend Ameisen und Termiten.

Gewohnheiten Schuppentiere sind Einzelgänger und bewegen sich mit viel Lärm, wenn sie an Strauchwerk und Ästen streifen. Vorwiegend nachtaktiv, bisweilen am Tage zu sehen. Richten sich bei Störung auf die Hinterläufe auf und benutzen den Schwanz dabei als Stütze. Sie hausen in alten Erdferkelbauen und gehen nachts auf Nahrungssuche. Bei Gefahr rollen sie sich zu einer Kugel zusammen. Verbreiten üblen Geruch, wenn verängstigt.

Lautäußerungen Hörbares Schnaufen bei der Nahrungssuche, Fauchen, wenn sie sich zusammenrollen.

Nachwuchs Ein Junges wird zwischen Mai und Juli nach einer Tragzeit von etwa 4½ Monaten geboren.

Auch Schuppentier.

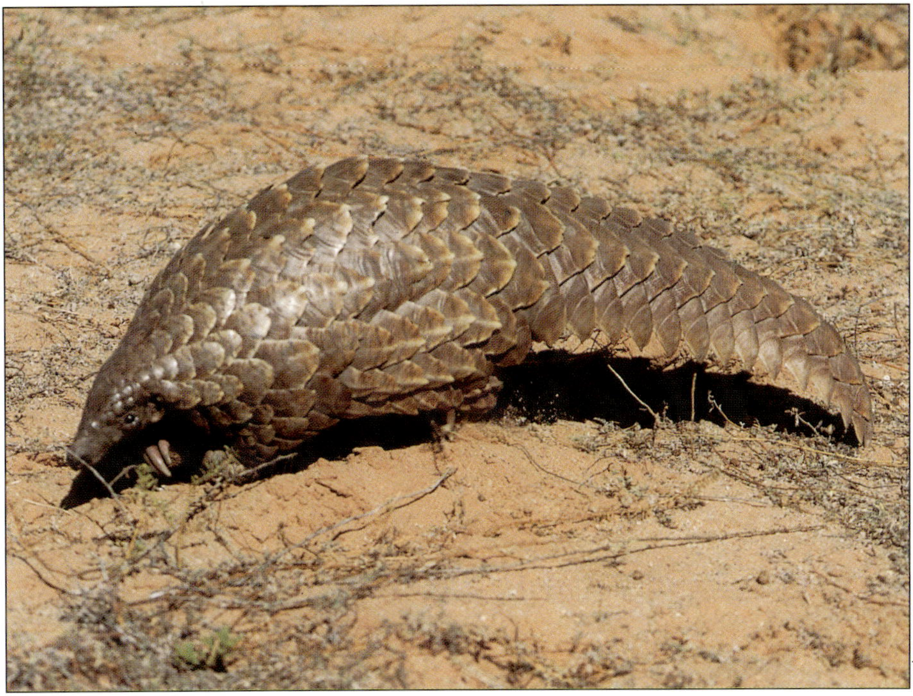

Koos Delport

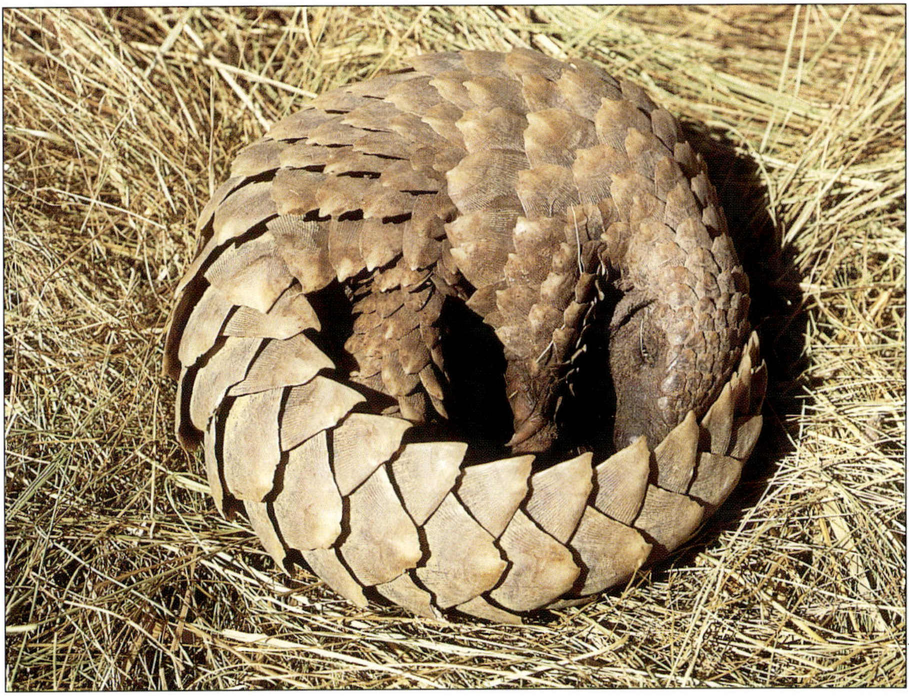

Ulrich Oberprieler

Klippschliefer

Rock Dassie
Procavia capensis

Gewicht ♂ 3,2–4,7 kg.
♀ 2,5–4,2 kg.

Nahrung Gras, Gesträuch, Kräuter.

Lebenserwartung
± 6 Jahre.

Feinde Schabrackenhyäne, Leopard, Löwe, Karakal, Python.

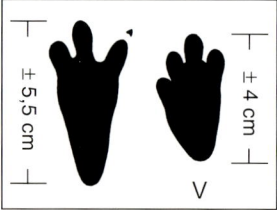

± 5,5 cm ± 4 cm
V

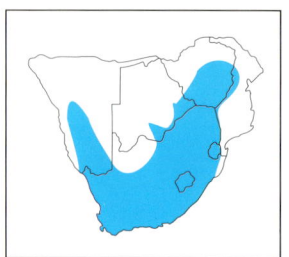

Beschreibung Ein kleines kräftiges, schwanzloses Tier. Färbung grau bis aschbraun mit einem rötlichen oder gelblichen Hauch und feinen schwarzen Sprenkeln. In der Mitte des Rückens befindet sich ein länglicher, schwarzer Streifen, der bei anderen Arten weiß oder gelb ist. Das Haar ist um das Maul, hinter den Ohren, über den Augen und an den unteren Partien heller. Der Gelbrücken-Klippschliefer hat einen gelben Rückenstreifen und weiße Augenbrauen, während der Baum-schliefer sich durch längeres und wolliges Haar von ihm unterscheidet.

Geschlechtsunterschied Männchen etwas größer als Weibchen.

Habitat Felsen, Felsabhänge, felsige Hügel mit genügend Busch- und Baumdeckung.

Gewohnheiten Klippschliefer leben in Kolonien von 4 bis zu mehreren hundert Tieren in einer hierarchischen Ordnung. Es kommen wenige offene Kämpfe vor, doch wenn sie aggressiv sind, knurren sie, zeigen die Zähne und sträuben das schwarze Rückenhaar. Hauptaktivitätsperioden sind frühmorgens, am späten Nachmittag und sogar nach Sonnenuntergang bei Mondschein. An kalten Tagen sonnen sie sich, bevor sie auf Nahrungssuche ziehen. Klippschliefer sind geschickte Kletterer.

Lautäußerungen Ein scharfes Alarmbellen, auch Knurren, Schnauben, Schreien, Zwitschern.

Nachwuchs Ein bis sechs Junge werden in Winterregenfallgebieten vor allem zwischen September und Oktober, in Sommerregenfallgebieten zwischen März und April nach einer Tragzeit von etwa 7½ Monaten geboren.

Auch Klippdachs.

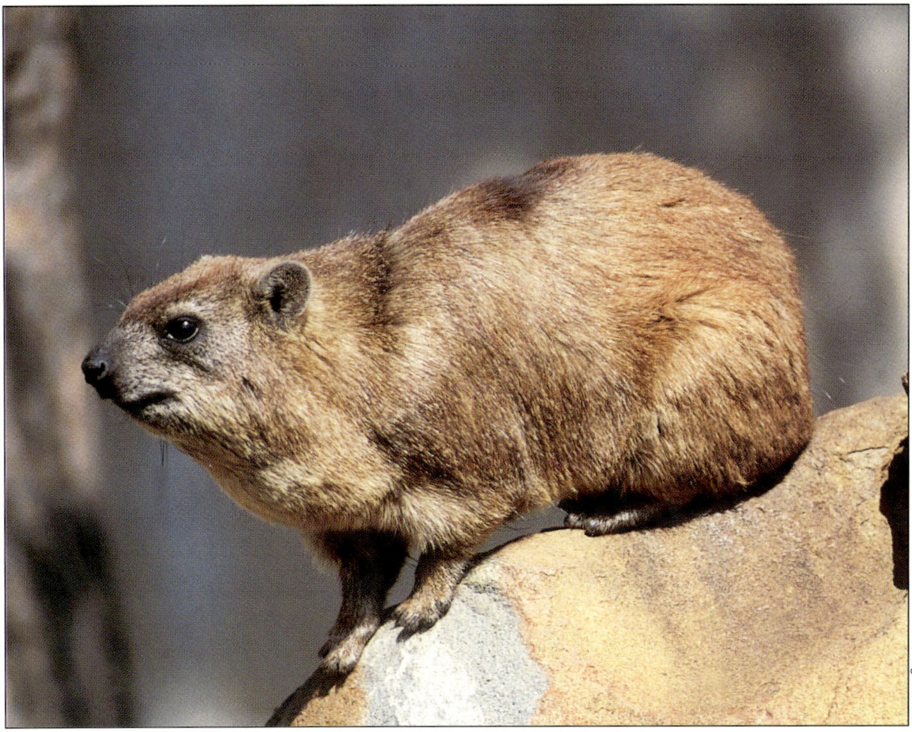

Burger Cillié

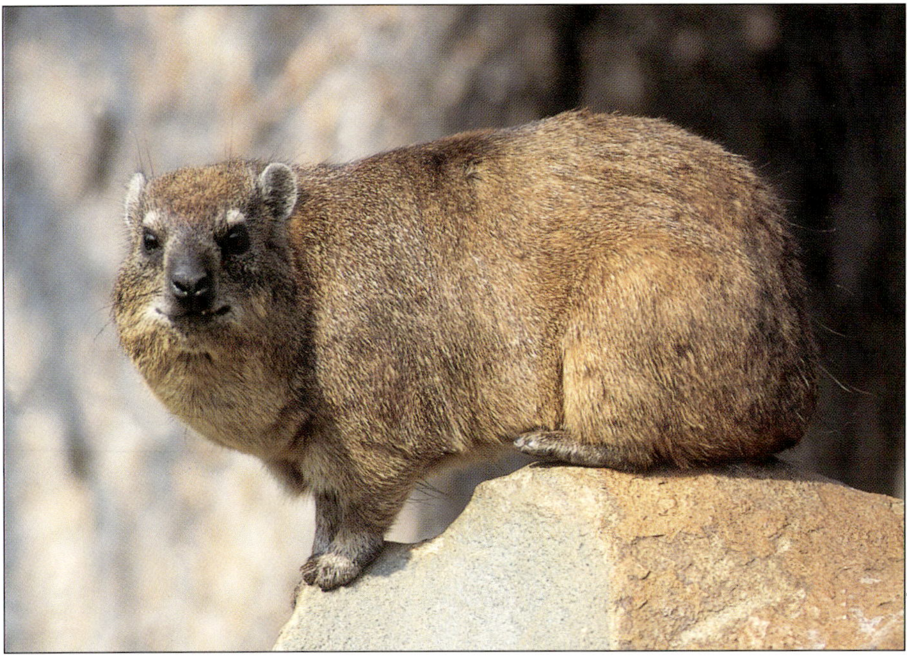

Burger Cillié

Großrohrratte

Greater Canerat
Thryonomys swinderianus

Gewicht ♂ 3,2–5,2 kg.
♀ 3,4–3,8 kg.

Nahrung Wurzeln, Sprößlinge, Grasstengel und Schilf.

Lebenserwartung unbekannt.

Feinde Serval, Python.

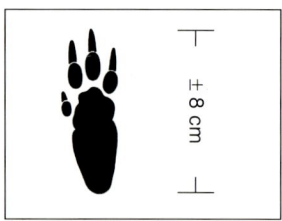

± 8 cm

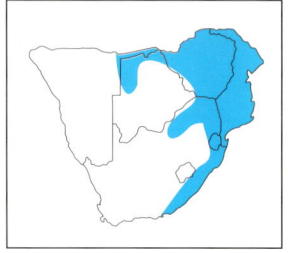

Beschreibung Die größere der beiden Rohrratten in unserer Gegend. Ein stämmig gebauter Nager mit grobem Borstenhaar und einem verhältnismäßig kurzem Schwanz. Normalerweise ist sie braun mit dunklen Sprenkeln und heller gräulich brauner Unterseite; Kinn und Kehle sind weiß. Die Ohren sind behaart. Schnauze und Nase sind in die Länge gewachsen und bilden ein fleischiges Fettpolster, das bei heftigen Stoßkämpfen benutzt wird. Die Kleinere Rohrratte kommt nur in einigen Gebieten von Simbabwe vor.

Geschlechtsunterschiede Männchen etwas größer als Weibchen.

Habitat Röhricht und Gegenden mit hohem Gras in der Nähe von Flüssen und Sümpfen.

Gewohnheiten Diese Tiere sind keine Ratten. Sie leben in Gruppen von 8–10, aber suchen einzeln Nahrung. Sie sind nachtaktiv oft bis zur Morgendämmerung. Während des Tages ruhen sie unter Dickicht oder in Uferlöchern. Wenn sie gejagt werden, rennen sie eine Strecke, stoppen und horchen, um herauszufinden, ob sie noch verfolgt werden. Sie sind gute Schwimmer, und wenn sie Angst haben, retten sie sich manchmal ins Wasser.

Lautäußerungen Schnauben, bei Gefahr leises Pfeifen.

Nachwuchs Vier bis acht Junge werden zwischen August und Dezember nach einer Tragzeit von 4 bis 5 Monaten geboren.

Auch Großbambusratte.

Anthony Bannister/ABPL

National Parks Board

Kapigel

South African Hedgehog
Atelerix frontalis

Gewicht 236–480 g.

Nahrung Käfer, Termiten, Tausendfüßler, Heuschrecken, Motten.

Lebenserwartung ± 3 Jahre.

Feinde Löwe, Leopard, Karakal.

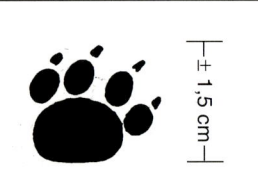

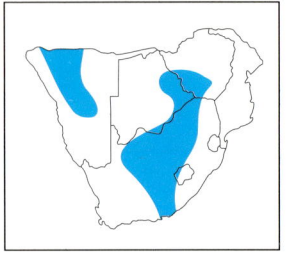

Beschreibung Der Körper ist, von der Stirn beginnend, hinter den Ohren, über Rücken und Flanken mit kleinen kurzen Stacheln bedeckt. Der 'Mantel' aus Stacheln geht von der Stirn über die Ohren und den Rücken an den Seiten herab. Die Beine und der Schwanz sind bedeckt mit graubraunen Haaren. Das Gesicht wird umrahmt von einem Schopf weißer Haare, der auf der Stirn beginnt, nach beiden Seiten hin über die Augen bis zu den Ohren geht. Der Rest des Gesichts ist dunkelbraun oder schwarz und hat eine spitze Schnauze.

Geschlechtsunterschied Keiner.

Gewohnheiten Igel sind hauptsächlich Nachttiere. Man sieht sie gelegentlich nach Regen auch am Tag. Gewöhnlich schlafen sie tagsüber zusammengerollt unter Blättern, dichtem Gras, Gebüsch oder in Löchern. Die Wahl des Rastplatzes wechselt täglich. Nur wenn das Weibchen Junge hat, bleibt es für längere Zeit an der gleichen Stelle, bis die Jungen ihr folgen können. Ihr Sehvermögen ist schlecht, dafür haben sie einen hervorragenden Geruchssinn und finden auch unter der Erde ihre Beute, die sie dann ausgraben. Den Winter verbringen sie im Winterschlaf und verlassen nur selten ihr Nest. Igel kommen auch außerhalb von Naturschutzgebieten noch relativ häufig vor.

Lautäußerungen Schnaufen, Schnauben und Knurren oder ein schriller Alarmschrei.

Nachwuchs Ein bis neun Junge werden zwischen Oktober und April nach etwa 5 Wochen Tragzeit geboren.

Auch Südafrikanischer Igel.

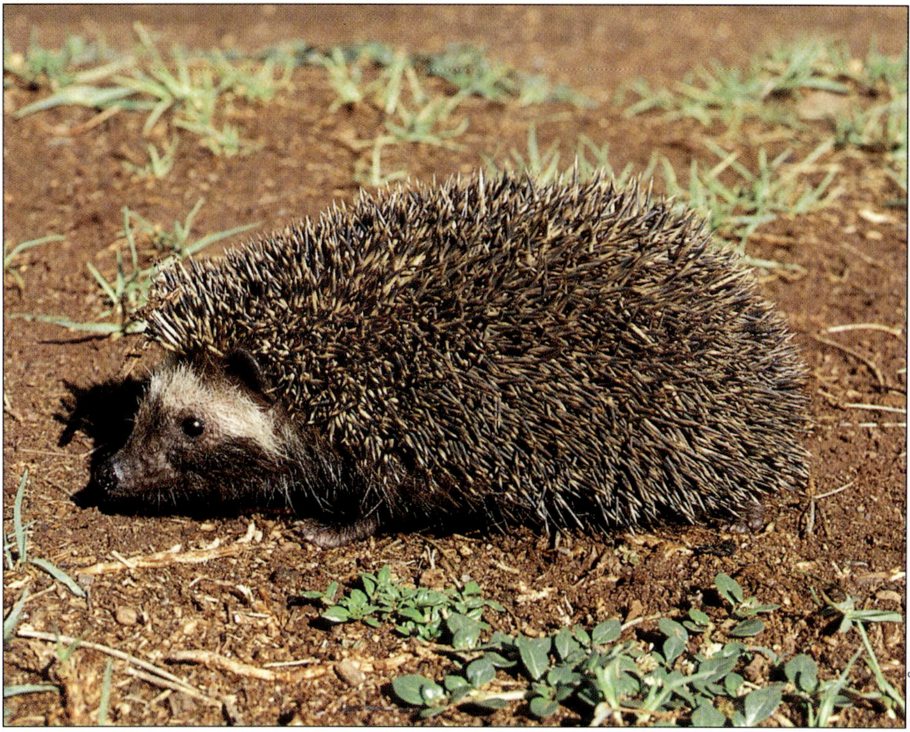

Burger Cillié

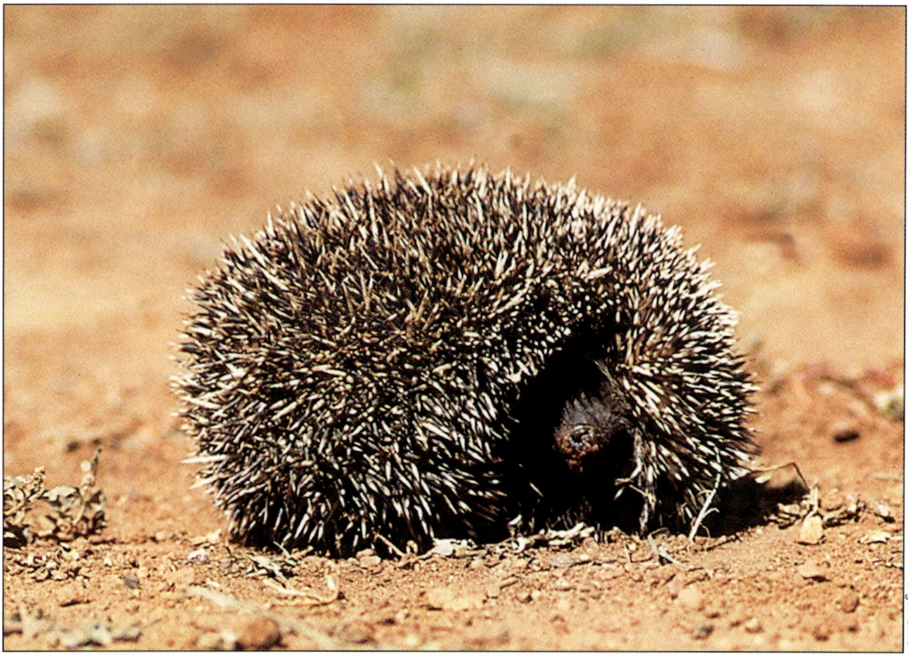

Burger Cillié

Gewicht ♂ 10–19 kg.
♀ 10–24 kg.

Nahrung Knollen, Wurzeln, auch Gemüse wie Kürbisse und Melonen.

Lebenserwartung
± 8 Jahre.

Feinde Löwe, Leopard, Karakal.

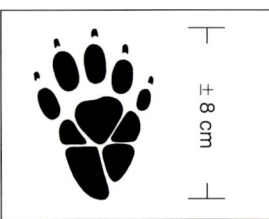

± 8 cm

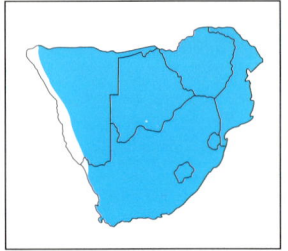

Stachelschwein

Porcupine
Hystrix africaeaustralis

Beschreibung Der Körper des größten Nager der Region ist völlig mit unterschiedlichen Stacheln bedeckt. Von Stirn bis Schultern sind die Stacheln lang und dünn, oben weiß und unten schwarz und bilden einen aufrichtbaren Kamm. Rücken und Keulen haben lange schwarzweiß ringförmig gestreifte steife Stacheln, die auch gesträubt werden. Der Schwanz trägt eigenartige hohle Rasseln. Der übrige Körper, das Gesicht und die kurzen Beine sind mit grobem, schwarzem Haar bedeckt.

Geschlechtsunterschied Weibchen gewöhnlich größer als Männchen.

Habitat Sehr anpassungsfähig und überall zu finden, nur nicht in Wäldern und Wüsten.

Gewohnheiten Meist Einzelgänger, doch benutzen drei und mehr Tiere gemeinsam einen Bau. Laufen weit zur Nahrungssuche. Laufen recht schnell, wenn verfolgt. Können beträchtlichen Schaden in Feldern und Gärten anrichten. Stachelschweine haben den Ruf, ihre Stacheln auf Verfolger abzuschießen, in Wirklichkeit jedoch kehren sie ihr Hinterteil dem Verfolger entgegen und die lose sitzenden Stacheln bleiben im Feind stecken. Diese Stacheln können böse Entzündungen hervorrufen, da sie im betroffenen Tier abbrechen und steckenbleiben. Löwen und Leoparden leiden gelegentlich unter diesen Beschwerden.

Lautäußerungen Knurren, Schnaufen und rasselnde Schwanzstacheln bei Bedrohung.

Nachwuchs Ein bis vier Junge werden in Sommerregenfallgebieten zwischen August und März, nach einer Tragzeit von etwa 3 Monaten geboren.

Auch Südafrikanisches Stachelschwein.

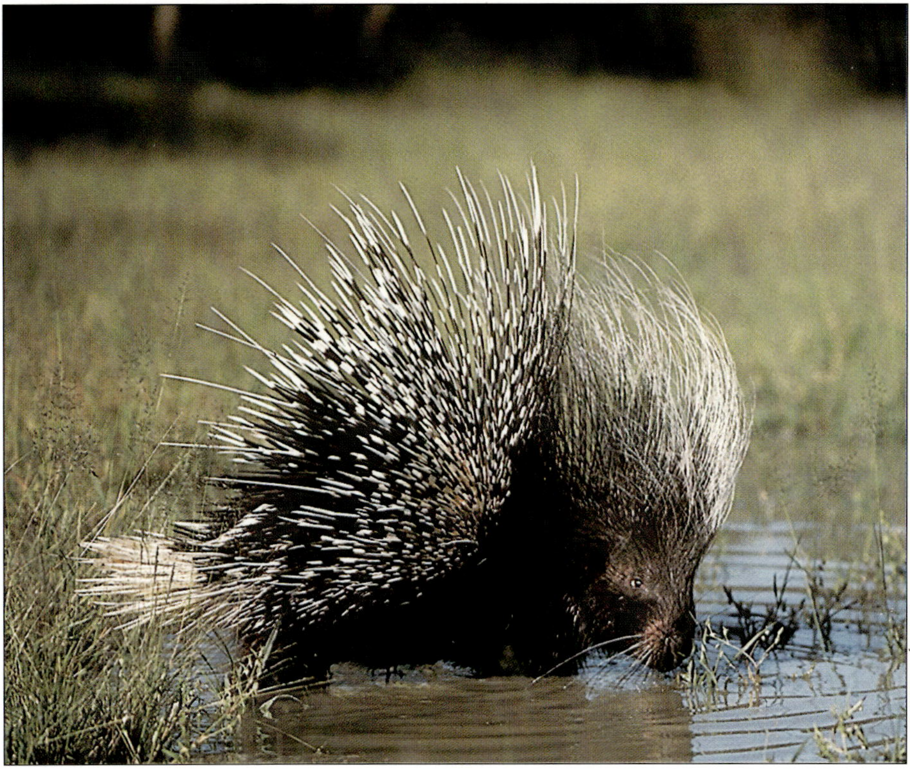

Anthony Bannister/ABPL

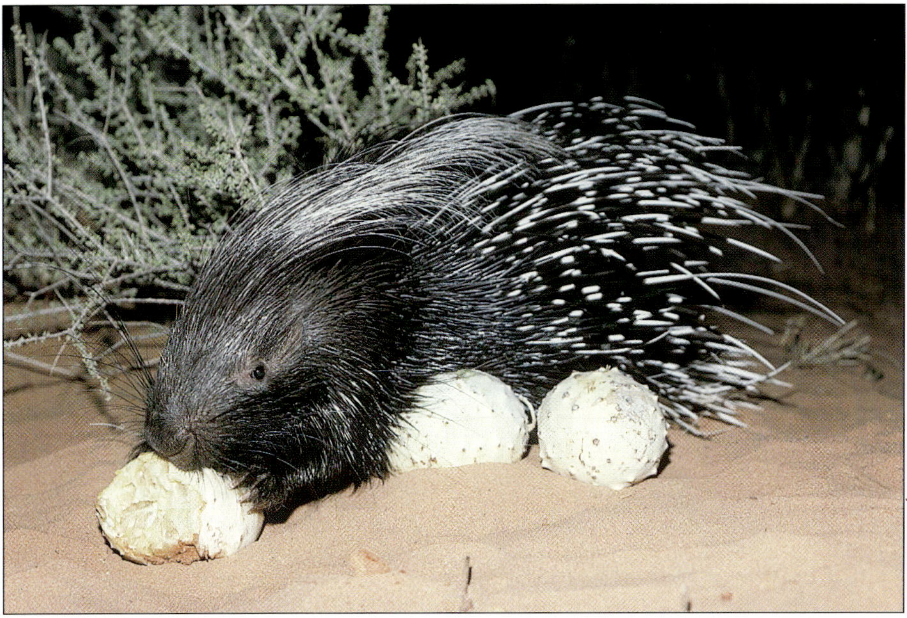

Anthony Bannister/ABPL

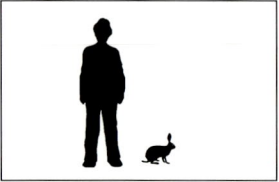

Buschhase

Scrub Hare
Lepus saxatilis

Gewicht ♂ 1,4–3,8 kg.
♀ 1,6–4,5 kg.

Nahrung Gräser, Blattwerk, Wurzelstöcke von Gräsern.

Lebenserwartung ± 7½ Jahre.

Feinde Leopard, Löwe, Karakal, Afr. Wildkatze, Serval, Afr. Wildhund, Afr. Zibetkatze.

Beschreibung Die größere der beiden beschriebenen Hasenarten. Die Farbe ist fahlgelb mit grauschwarzen Sprenkeln. Kinn und Unterseite sind weiß mit Ausnahme eines fahlgelben Kragens. Der Nacken variiert von ziegelbraun zu orangegelb. Auf der Stirn befindet sich ein weißer Punkt. Der Schwanz ist oberseits schwarz, unten weiß und die Pfoten stumpfgelb. Bevorzugt eine buschigere Landschaft als der Kaphase.

Geschlechtsunterschied Weibchen etwas größer als Männchen.

Habitat Gegenden mit genügend Gras und Dickicht.

Gewohnheiten Ähnlich wie Kaphase: Nachtaktiv und einzellebend, manchmal paarweise. Frühmorgens und abends sowie an bewölkten Tagen morgens zu sehen. Sie sind wetterempfindlich und bleiben bei Regen in ihrer Kuhle. Liegen tagsüber mit flachen Ohren im Schutz von Gebüsch. Noch häufig außerhalb von Reservaten zu finden.

Lautäußerungen Stille Tiere, schreien jedoch laut in Not.

Nachwuchs Ein bis drei Junge werden irgendwann im Jahr nach einer Tragzeit von etwa 5 Wochen geboren.

Auch Strauchhase.

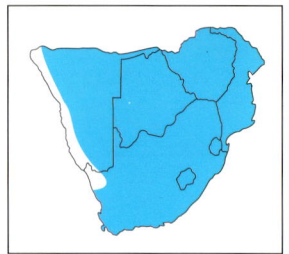

Ulrich Oberprieler

Burger Cillié

Gewicht ♂ 1,4–1,8 kg.
♀ 1,5–2,3 kg.

Nahrung Gräser, besonders kurzes Gras.

Lebenserwartung ± 5 Jahre.

Feinde Leopard, Karakal, Löwe, Afr. Wildkatze, Adler.

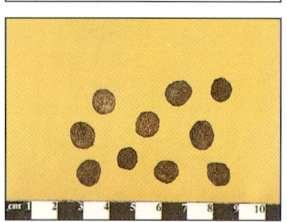

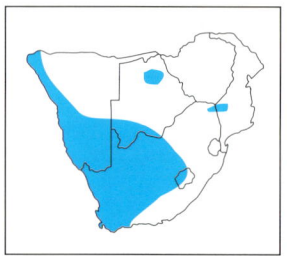

Kaphase

Cape Hare
Lepus capensis

Beschreibung Die Färbung des Kaphasen variiert zwischen zwei Exremen: manche Tiere sind fahlgelb mit schwarzen Sprenkeln und haben einen fast rosabraunen Nackenfleck. Andere sind grauweiß mit hellgrauem Nackenfleck. Gemeinsam haben alle ein oberseits schwarzes und unten weißes Schwänzchen. Um die Augen befindet sich ein hellgelblicher Ring und oberhalb der Augen ovale hellbraune Flecken. Buschhasen sind im Vergleich kleiner und bevorzugen eher offene Standorte.

Geschlechtsunterschied Weibchen etwas größer als Männchen.

Habitat Offene Grassteppe mit hohem Gras als Deckung.

Gewohnheiten Kaphasen sind einzellebende Nachttiere, die nur gelegentlich an bewölkten Tagen, sonst zur Zeit des Auf- und Untergangs der Sonne zu sehen sind. Sie sind recht wetterempfindlich und bevorzugen es bei Kälte und Regen in Deckung zu bleiben. Tagsüber liegen sie mit angelegten Ohren im Schutz von hohem Gras oder Gestrüch. Bei nahender Gefahr bleiben sie bis zum letzten Moment in dieser Stellung, ehe sie aufspringen. Sie sind schnelle Läufer und schlagen selbst bei hoher Geschwindigkeit gekonnte Haken. Ungleich dem Buschhasen suchen sie bisweilen Schutz in alten Erdferkel – und Springhasenbauen.

Lautäußerungen Leises Grunzen, in Not lautes Schreien.

Nachwuchs Ein bis drei Junge werden irgendwann im Jahr (vor allem im Sommer) geboren.

Peter Lillie/ABPL

Clem Haagner

Felsenhase

Red Rock Rabbits
Pronolagus spp.

Gewicht 1,3–3,1 kg.

Nahrung Gras, frisch ausschlägt nach Brand.

Alter unbekannt

Feinde Leopard, Karakal, Afr. Wildkatze.

± 2,5 cm

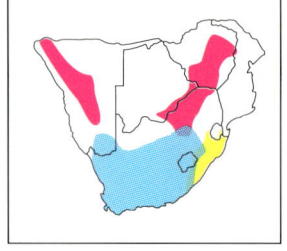

Unterschiede zwischen Hasen und Kaninchen
Der Felsenhase ist eigentlich ein kaninchen. Hasen haben längere Hinter- als Vorderbeine und dies fällt bei Kaninchen weniger auf. Junge Hasen werden mit offenen Augen und mit Fell geboren und sind früh unabhängig. Der Schwanz und die Füße der kaninchen sind rötlichbraun, während die der Hasen schwarze Spitzen haben.

Beschreibung Von den drei Arten Felsenhasen, nämlich (a) Schmith's, (b) Natal und (c) Jameson's Felsenhase, die hier vorkommen, ist der Natal Felsenhase der größte und der Smith's Felsenhase der kleinste. Die Gewohnheiten sind fast dieselben und auch die Habitat ähneln sich sehr. Das rotbraune Fell ist dick und grob mit rostfarben bis schwachgelber Unterseite. Alle drei Arten haben weiße oder weißgraue Wangen, die sich vom Rest des Körpers unterscheiden; nur beim Natal Felsenhasen verläuft diese Farbe in breitem Streifen unter dem Kinn entlang bis zum unteren Halsrand.

Geschlechtsunterschiede Keine.

Habitat Felsartiges Gelände wie Steilabhänge, Felsränder und Klüften mit eßbarem Gras. Bewegen sich nie weit weg von ihrem Bau.

Gewohnheiten Gewöhnlich Einzelgänger, aber gehören zu einer Gruppe mit demselben Kotplatz. Tagsüber schlafen sie auf Felsrändern und -ritzen, manchmal in dichtem Gras, wo sie schwer aufzuscheuchen sind. Zum Sonnenuntergang verlassen sie ihren Schlafplatz und fressen nachts.

Lautäußerungen Schreit schrill, wenn erschreckt.

Nachwuchs Wahrscheinlich werden 1 bis 2 Junge im Sommer geboren.

Pat Donaldson/ABPL

Andrew Duthie/ABPL

Springhase

Springhare
Pedetes capensis

Gewicht 2,5–3,8 kg.

Nahrung Gräser, Blätter, Wurzeln, Wurzelstöcke.

Lebenserwartung ± 7 Jahre.

Feinde Streifenschakal, Schabrackenschakal, Schabrackenhyäne, Tüpfelhyäne Gepard, Leopard, Löwe.

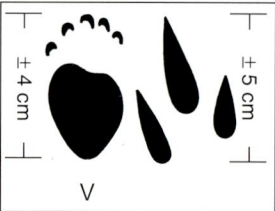

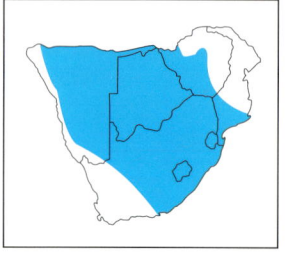

Beschreibung Diese Nager haben Ähnlichkeit mit Känguruhs durch ihre kurzen Vorderbeine und langen, kräftigen Hinterbeine. Hellbraun bis gelbbraun gefärbt, mit weißem Kinn und weißer Unterseite. Der lange Schwanz ist rötlich und endet in einer schwarzen Spitze. Sie haben lange schwarze Schnurrbarthaare. Die Augen sind auffallend groß. Starke, krumme Krallen an den Vorderpfoten dienen zum Graben.

Geschlechtsunterschied Keiner.

Habitat Entlang Flüssen oder Pfannen mit sandigem Grund. Meiden harten Boden.

Gewohnheiten Springhasen sind Nachttiere, die erst nach Dunkelheit ihren Bau verlassen. Der Bau ist hoch gelegen, um Überschwemmungen zu vermeiden. Er kann mit mehreren Eingängen und verzweigten Gängen recht komplex werden. Springhasen sind gute Gräber; mit den Vorderpfoten wird der Boden aufgelockert, mit den starken Hinterbeinen nach hinten weggeschoben. Ein Bau wird nur von einem einzigen Tier bewohnt. Ihre Fortbewegung ist sprungartig und ausschließlich auf den Hinterbeinen, die Vorderbeine werden dicht am Körper gehalten.

Lautäußerungen Normalerweise stumm, schriller Angstschrei.

Nachwuchs Ein Junges wird irgendwann im Jahr nach einer Tragzeit von etwa 10½ Wochen geboren, selten zwei Junge.

Keith Begg/ABPL

Clem Haagner

Kapborstenhörnchen

Ground Squirrel
Xerus inauris

Gewicht ♂ 511–1 022 g.
♀ 511–795 g.

Nahrung Blätter, Grasstengel, Wurzelknollen, Samen, Wurzeln, manchmal Insekten.

Lebenserwartung ± 15 Jahre.

Feinde Schabrackenschakal, Schabrackenhyäne, Leopard, Löwe, Karakal, Adler.

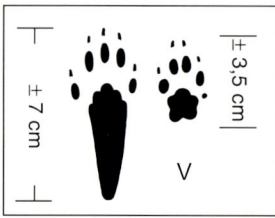

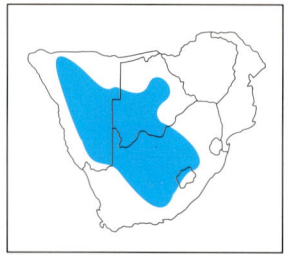

Beschreibung Hellzimtfarben mit weißer Unterseite, weißen Längsstreifen der Flanken und hellem Augenring. Keine äußere Ohrmuschel. Langer buschiger Schwanz, dessen Haare in sich schwarz – weiß geringt sind und weiße Spitzen haben. Bei aufgerichtetem Schwanz fallen die langen Haare fast fächerartig und beschatten Kopf und Rücken des Tieres. Das sehr ähnliche Bergerdhörnchen bevorzugt steinige Berghänge als Standort.

Geschlechtsunterschied Männchen etwas größer als Weibchen.

Habitat Offene Ebenen mit hartem Grund und spärlichem Gebüsch.

Gewohnheiten Kapborstenhörnchen sind tagaktiv und leben in Kolonien bis zu 30 Tieren. Sie graben ihr eigenen Bausysteme mit vielen Tunneln und Eingängen bis zu 80 cm unter die Erde; die Schlafhöhlen sind mit Gras gepolstert. Die Baue sind von weiblichen Tieren und Jungtieren bewohnt, die Männchen ziehen von Bau zu Bau und bleiben jeweils nur ein paar Wochen. Das dominierende Weibchen verjagt alle Fremdlinge aus der nächsten Umgebung des Baues. Kapborstenhörnchen verlassen ihre Baue erst nach Sonnenaufgang und kehren vor Dunkelheit zurück.

Lautäußerungen Hohes Pfeifen und Alarmschrei, aggressives Knurren.

Nachwuchs Ein bis drei Junge werden irgendwann im Jahr nach einer Tragzeit von 6 bis 7 Wochen geboren.

Auch Erdhörnchen.

Riaan Wolhuter

Duncan Butchart/African Images

Gewicht ♂ 76–240 g.
♀ 108–265 g.

Nahrung Blätter, Blumen, Samen, Früchte, Baumrinde, gelegentlich Insekten.

Lebenserwartung
± 8 Jahre.

Feinde Leopard, Löwe, Karakal, Adler.

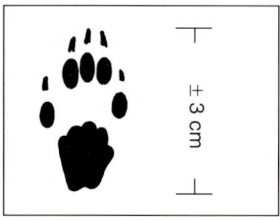

± 3 cm

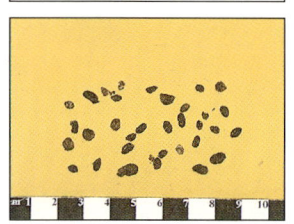

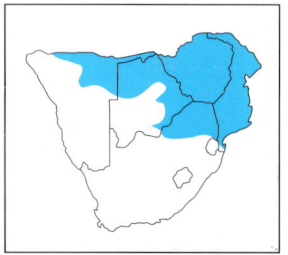

Ockerfußbuschhörnchen

Tree Squirrel
Paraxerus cepapi

Beschreibung Farbe variabel: Körperoberseite wechselt von gesprenkelt grau zu rostfarben. Bei Tieren mehr im Süden sind die Beine ungesprenkelt. Die Flanken sind stets gelblicher, die Unterseite wechselt von weiß zu beige. Der Schwanz ist lang, buschig und undeutlich ringförmig schwarz gestreift. Vom Rotbauchbuschhörnchen durch dessen rötlicheren Schwanz und Beine zu unterscheiden. Das Streifenhörnchen ist kleiner mit weißen Flankenstreifen, das Sonnenhörnchen größer mit ringförmig weißgestreiftem Schwanz.

Geschlechtsunterschied Keiner.

Habitat Waldbewohner, leben in gemischten dornigen Gebieten oder Mopaniwäldern.

Gewohnheiten Einzeln, in südlicheren Gegenden auch in Trupps von 1–2 Männchen, Weibchen und Jungtieren. Gruppenmitglieder erkennen sich am Geruch. Fremdlinge werden verjagt. Fressen hauptsächlich am Boden, klettern bei Gefahr jedoch schnell auf den nächsten Baum. Sie sind sehr wachsam und haben ein hervorragendes Gehör.

Lautäußerungen Vogelähnliches "Tschik-tschik-tschik..." oder ein gedehntes "Tschuk-Tschuk-Tschuk..." lauter und schneller werdend bis es in Rasseln übergeht.

Nachwuchs Ein bis drei Junge werden irgendwann im Jahr (vor allem zwischen Oktober und April) nach einer Tragzeit von 8 Wochen geboren.

Ulrich Oberprieler

Burger Cillié

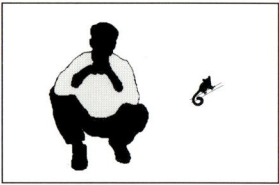

Nachtäffchen

Lesser Bushbaby
Galago moholi

Gewicht ♂ 155 g.
♀ 150 g.

Nahrung Gummi, Heuschrecken, Motten, Spinnen. Trinkt kein Wasser.

Lebenserwartung ± 10 Jahre.

Feinde Leopard, Riesenohreule.

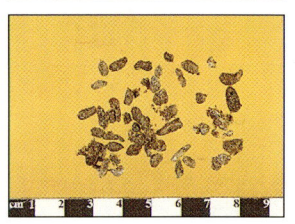

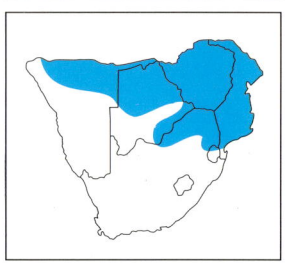

Beschreibung Dieser Halbaffe ist die kleinere der zwei Halbaffenarten; sein Fell ist viel dünner, weniger wollig (besonders am Schwanz) als das der Dickschwanzhalbaffen. Eine Unterart dieses Halbaffen, der Grant's Halbaffe (der mehr ostwärts lebt), ist brauner mit gelber Unterseite. Charakteristisch sind seine großen Augen, seine haarlosen beweglichen Ohren und sehr langen Hinterbeine. Nachts bei hellem Scheinwerferlicht reflektieren seine Augen rot.

Geschlechtsunterschiede Männnchen sind etwas größer als Weibchen.

Habitat Diese Buschveldart bevorzugt Mopanie- und Dornbuschveld an Bach- und Wasserläufen.

Gewohnheiten Sie sind gesellige Nachttiere, die am frühen Abend und wieder später in der Nacht, gerade vor Sonnenaufgang, aktiv sind, doch kleine Gruppen schlafen zusammen während des Tages in einem Nest hoch oben im Baum oder in einem Loch in einem hohlen Baumstamm. Sie urinieren auf ihre Pfoten und (besonders dominante Tiere) reiben ihre Milchdrüsen gegen andere Halbaffen der Gruppe. Während des Fressens oder des Herumziehens machen diese Halbaffen gewaltige Sprünge von Baum zu Baum.

Lautäußerungen Heulend – nörgelnde Laute.

Nachwuchs Ein bis zwei Junge werden zwischen Oktober und November oder Januar und Februar nach einer Tragzeit von etwa 4 Monaten geboren.

Auch Kleiner Galago und Kleinerer Halbaffe.

Riesengalago

Thick-tailed Bushbaby
Otolemur crassicaudatus

Gewicht ♂ ± 1,22 kg.
♀ ± 1,13 kg.

Nahrung Früchte, Baumharz, Insekten.

Lebenserwartung Unbekannt.

Feinde Große Eulen und wilde Katzen.

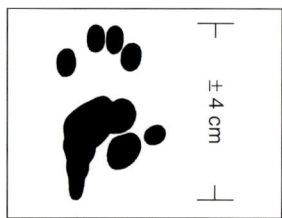

± 4 cm

Beschreibung Der dickschwänzige Riesengalago ist die größere der beiden Galagoarten. Außer der besonderen Größe ist auch sein Fell viel dicker und wolliger als das des kleineren. Besonders auffallend ist sein langer dicker Schwanz, seine charkteristisch großen Augen und seine kahlen, beweglichen Ohren sind auffallend. Wie bei dem kleineren Galago sind die Hinterbeine sehr lang und kraftvoll (im Vergleich zu den Vorderbeinen) entwickelt für hohe Sprünge zwischen Bäumen.

Geschlechtsunterschied Männchen etwas größer als Weibchen.

Habitat Gebirgs- und Küstenwälder, Buschdickicht mit hohem Regenfall und auch am Fluß gelegene Wälder in trockenen Gebieten.

Gewohnheiten Diese Galagos sind scheue, in Herden lebende Tiere. Sie sind Nachttiere und nur zeitweise während der Nacht aktiv. Sie kommen einige Zeit nach Sonnenuntergang hervor und reinigen sich erst selbst, bevor sie zu fressen beginnen. Die Familiengruppe schläft während des Tages hoch im Baum in dichtem Blätterwerk, aber während der Nacht sucht jeder alleine seine Nahrung. Riesengalago haben die Angewohnheit, auf ihre Füße zu urinieren und sich gegenseitig mit ihren Milchdrüsen markieren; sie markieren auch ihr Gebiet mit ihren Milchdrüsen.

Lautäußerung Drohendes, heiseres, Heulen.

Nachwuchs Zwei Junge werden zwischen August und September nach einer Tragzeit von etwa 4 Monaten geboren.

Auch Dickschwänziger, Afrikanischer Halfbaffe.

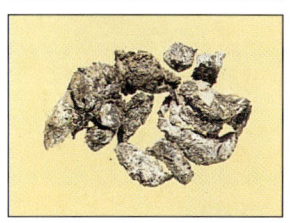

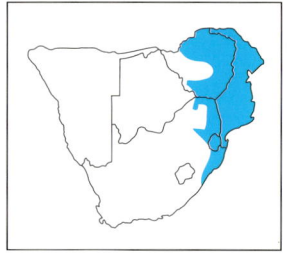

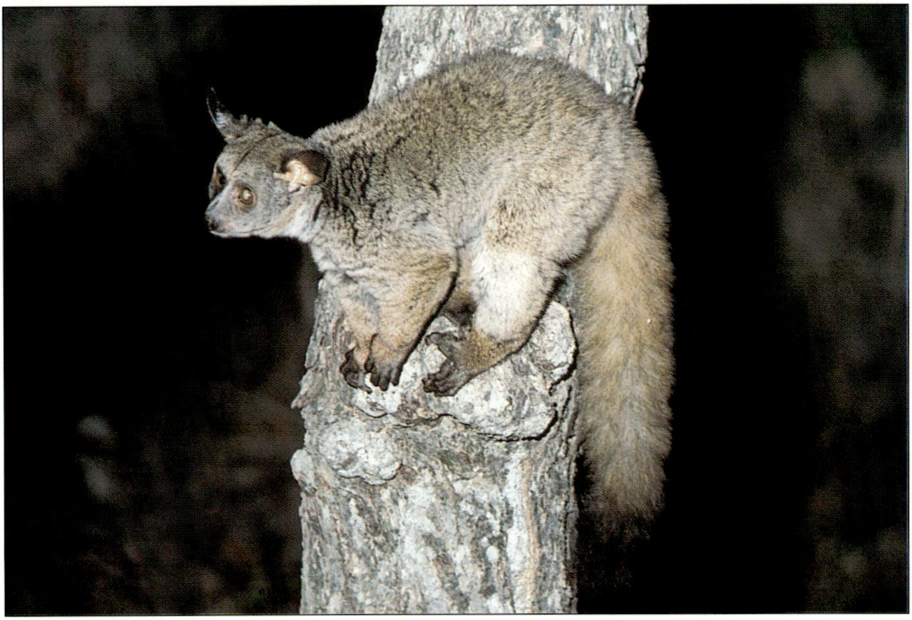

Lex Hes

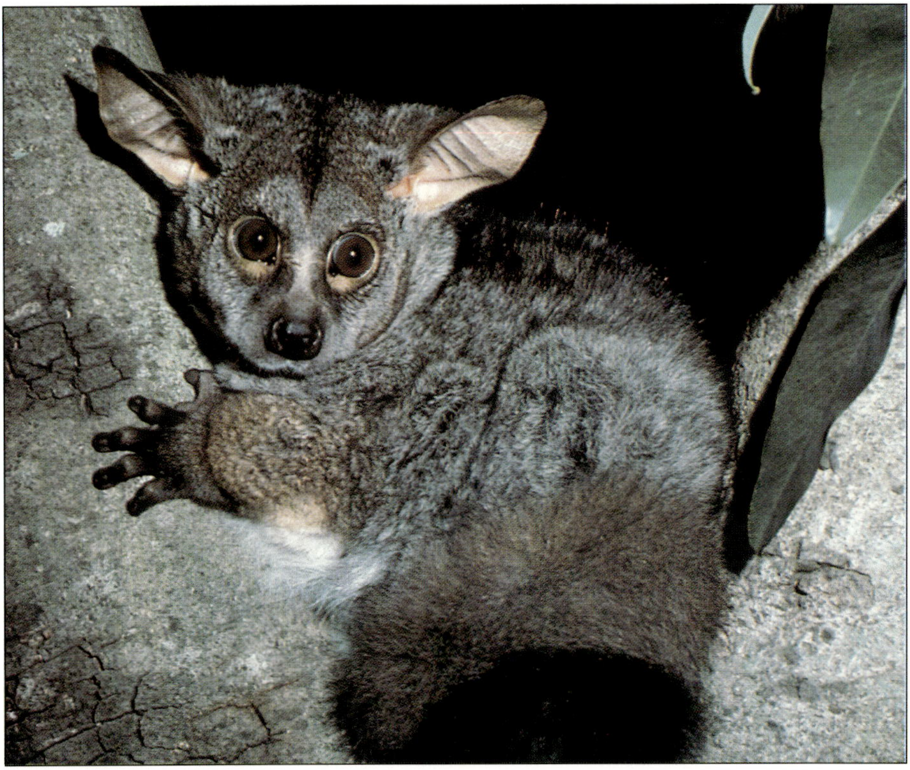

Natal Parks Board

Grüne Meerkatze

Vervet Monkey
Ceropithecus aethiops

Gewicht ♂ 3,8–8,0 kg.
♀ 3,4–5,2 kg.

Schwanzlänge
± 65 cm.

Nahrung Hauptsächlich Wildfrüchte, Blumen, Blätter, Samen, Insekten, Vögel.

Lebenserwartung
± 12 Jahre.

Feinde Leopard, Löwe, Karakal, Adler.

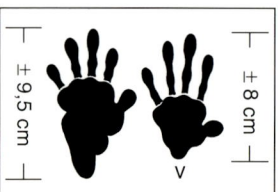
± 9,5 cm
± 8 cm
V

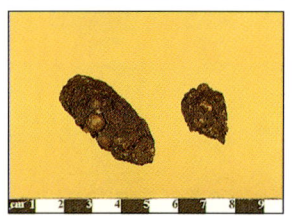

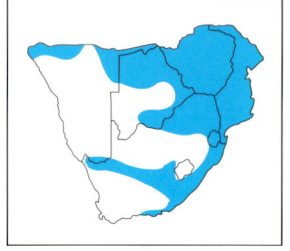

Beschreibung Ein kleiner hellgrauer Affe mit auffallend langem Schwanz. Die Unterseite und Flanken sind heller als die oberen Körperteile. Das Gesicht ist schwarz mit weißem Haarkranz. Die Füße und die Schwanzspitze sind dunkel. Die Genitalien des Männchens sind blau. Er unterscheidet sich von der Diademmeerkatze durch geringere Größe, hellere Farbe und fehlendes Schwarz an Schultern und Beinen.

Geschlechtsunterschied Männchen größer als Weibchen.

Habitat Bevorzugen bewaldetes Gelände, besonders entlang Flussufern und in der Nähe menschlicher Siedlungen.

Gewohnheiten Diese flinken Kletterer, die noch außerhalb von Naturschutzgebieten vorkommen, sind tagaktiv und bilden Gruppen bis zu 20 Tieren. Es besteht eine Hierarchie innerhalb der Gruppe, allerdings etwas schwächer ausgeprägt als bei Pavianen. Aggressives Verhalten äußert sich durch Verfolgung von rangniederen Tieren oder auch durch Heben der Augenbrauen. Die Nacht wird auf hohen Bäumen verbracht, Nahrungssuche findet bevorzugt frühmorgens statt. Während der heißen Tageszeit wird geruht und am frühen Nachmittag zum Schlafplatz zurückgekehrt.

Lautäußerungen Schwätzende und stotternde Geräusche, Notruf der Jungen ist ein schriller Schrei.

Nachwuchs Ein Junges wird irgendwann im Jahr nach einer Tragzeit von etwa 7 Monaten geboren, ausnahmsweise auch zwei.

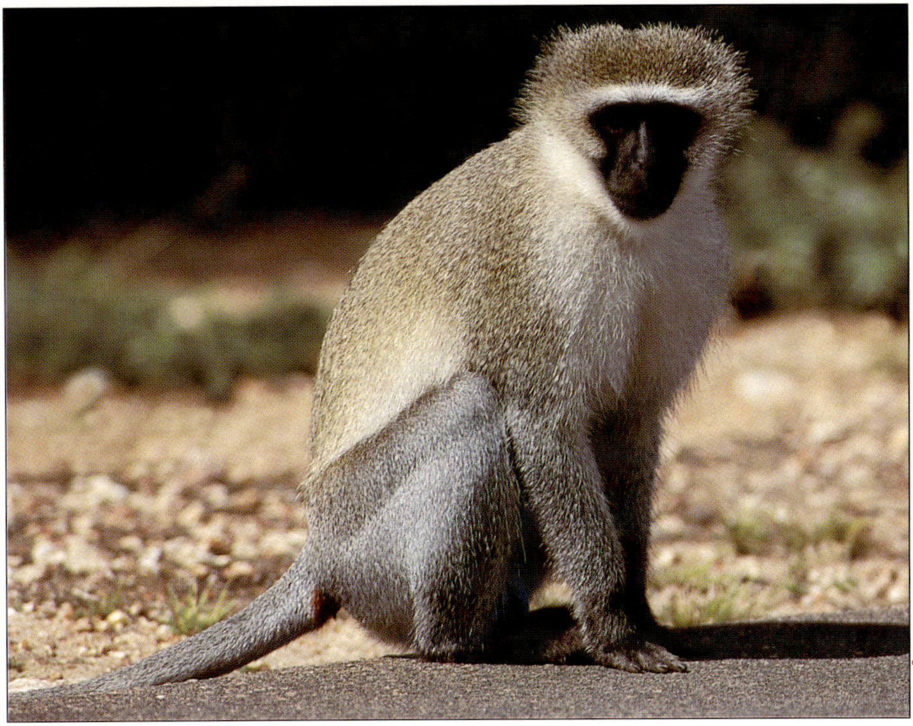

Burger Cillié

♂

♀

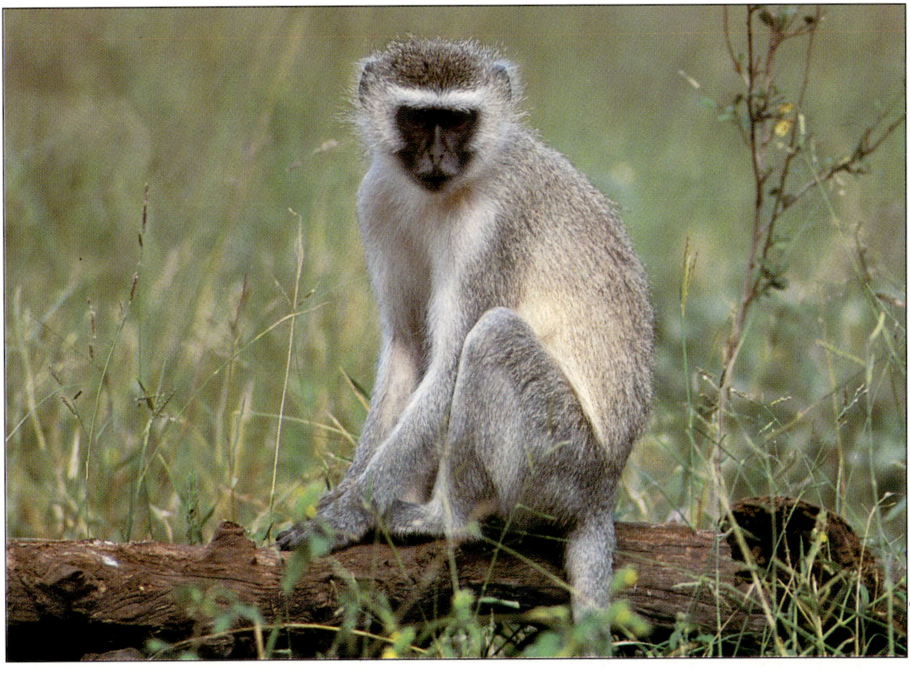

Burger Cillié

Gewicht	♂ 8,2–10 kg.
	♀ 4,5–5,2 kg.

Schwanzlänge
± 80 cm.

Nahrung Hauptsächlich wilde Früchte, Blüten, Blätter und Insekten.

Lebenserwartung
Unbekannt.

Feinde Leopard.

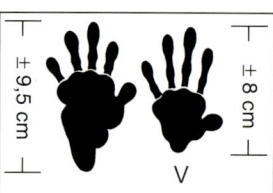

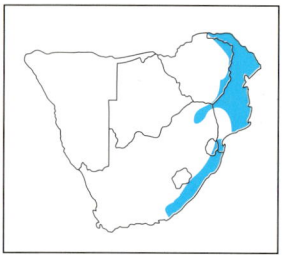

Weißkehlmeerkatze

Samango Monkey
Ceropithecus mitis

Beschreibung Dieser seltene und wenig bekannte Affe hat einen auffallend langen Schwanz. Schultern, Beine und ein großer Teil des Schwanzes sind schwarz. Das Gesicht ist dunkelbraun und von hellerem Haar umrahmt. Brust und Bauch sind mattgelb. Der Rest des Körpers ist hellbraun meliert und dunkelt mit zunehmendem Alter nach. Dieser Affe unterscheidet sich von der Grünen Meerkatze vor allem durch seinen schwereren Bau und die dunklere Färbung, besonders der Beine. Er ist dunkler gefärbt und größer als die Grüne Meerkatze und ausschließich ein Waldtier.

Geschlechtsunterschied Männchen größer als Weibchen.

Habitat Wälder der Berge, Flussfer, Küsten und auch trockene Gegenden.

Gewohnheiten Sind scheue Tagestiere, die sich meist in Bäumen aufhalten. Sie bilden Trupps aus 4–30 Tieren bestehend aus einem oder mehreren ausgewachsenen Männchen sowie aus Weibchen und Jungtieren. Nachts schlafen sie und sind während der heißen Tageszeit im Schatten dichten Blätterwerks. Morgens sonnen sie sich vor der Nahrungssuche, die durch Rastpausen unterbrochen wird. Diese Affen sind nicht sehr aggressiv – eine gebräuchliche Form der Ein-schüchterung ist ein Vorschieben des Kopfes mit gehobenen Augenbrauen.

Lautäußerungen Ein hoher vogelähnlicher Laut oder ein "njah" als Alarmruf. Weibchen und Junge schreien und schnattern.

Nachwuchs Ein Junges wird zwischen September und April nach einer Tragzeit von etwa 4 Monaten geboren.

Auch Diademmeerkatze.

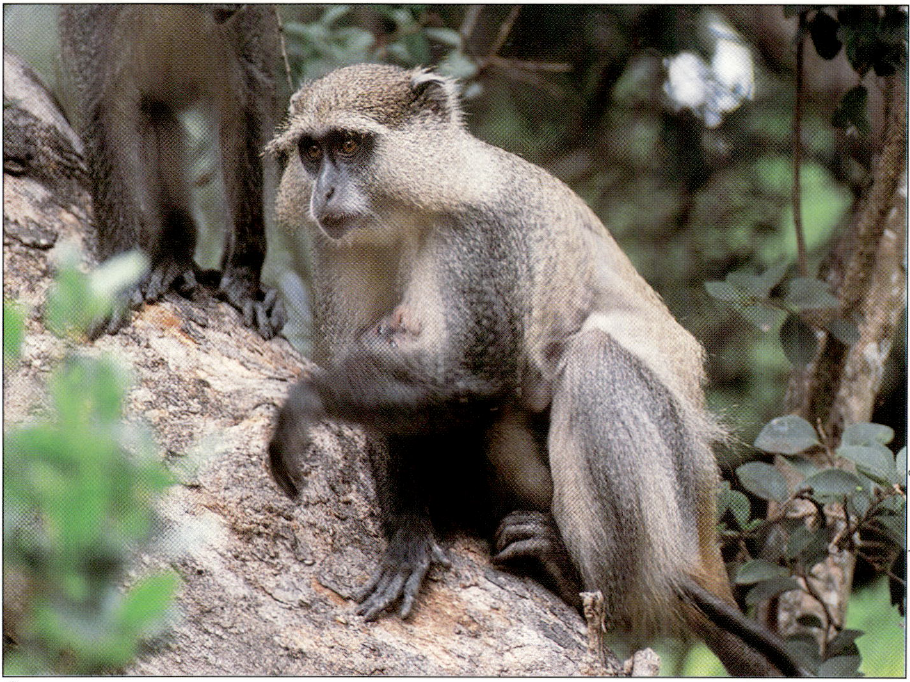

Roger de la Harp/Natal Parks Board

♀

♂

Clem Haagner/ABPL

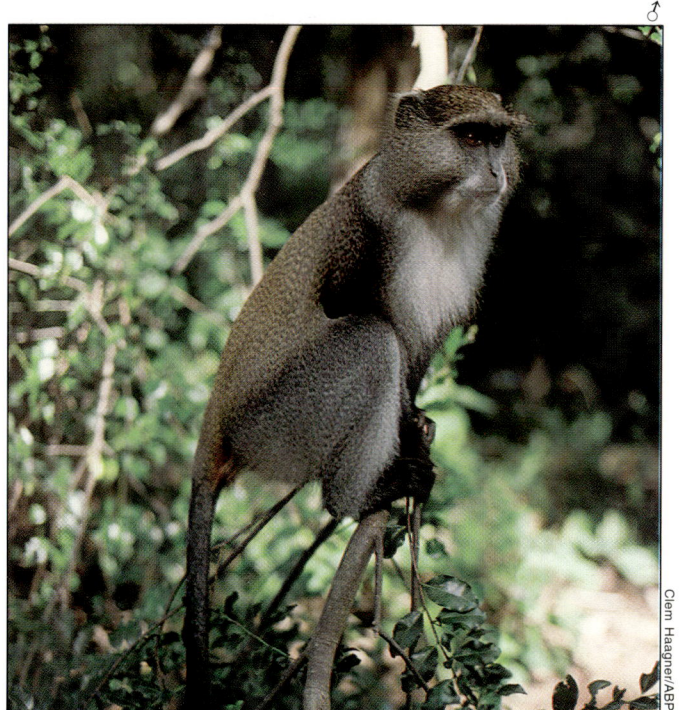

Bärenpavian

Chacma Baboon
Papio ursinus

Gewicht ♂ 27–44 kg.
♀ 14–17 kg.

Schwanzlänge
± 60 cm.

Nahrung Wilde Früchte, Beeren, Insekten, Skorpione.

Lebenserwartung
± 18 Jahre.

Feinde Leopard, Löwe.

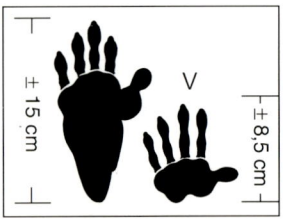

± 15 cm
± 8,5 cm

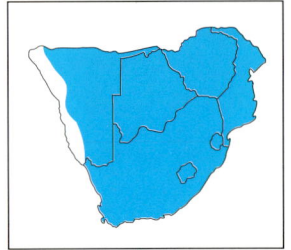

Beschreibung Typisch für den Bärenpavian ist die Art und Weise, wie er seinen Schwanz trägt, nämlich das erste Drittel aufwärts, der Rest wie abgeknickt herabhängend. Die Hinterpartie weist rosa Gesäßschwielen auf. Paviane haben ein längliches Gesicht, die Nasenöffnungen liegen am vorderen Ende der Schnauze. Die Beine sind im Verhältnis lang, die Füße länger als die Hände. Die Körperfarbe variiert von graugelb über Brauntöne bis fast schwarz bei älteren Männchen. Junge sind bei der Geburt dunkel und haben ein rosa Gesicht.

Geschlechtsunterschied Männchen sind größer und aggressiver als Weibchen.

Habitat Sehr anpassungsfähig, bevorzugen bergiges und bewaldetes Gelände.

Gewohnheiten Paviane leben in Trupps von etwa 70 Tieren mit ausgeprägter Hierarchie. Einem Leitmännchen unterstehen ein oder mehrere dominante Männchen mit ihren Familien. Von früher Kindheit an wird die Rangordnung im Trupp ständig erkämpft. Nachts schlafen Paviane auf hohen Felsen oder Bäumen, die sie frühmorgens zur Nahrungssuche verlassen, um am späten Nachmittag zurückzukehren. Während der Trupp auf Nahrungssuche geht, nehmen die männlichen Tiere Wachposten ein. Kleine Säuglinge klammern sich am Bauch der Mutter fest, reiten jedoch auf ihrem Rücken, sobald sie etwas älter sind.

Lautäußerungen Knurren, Bellen und ein lautes "Baan-tschom" der Männchen, Schreien und Schnattern der Jungen.

Nachwuchs Ein Junges wird nach einer Tragezeit von etwa 6 Monaten geboren, selten zwei.

Auch Tschakma Pavian.

Ulrich Oberprieler

♂

♀

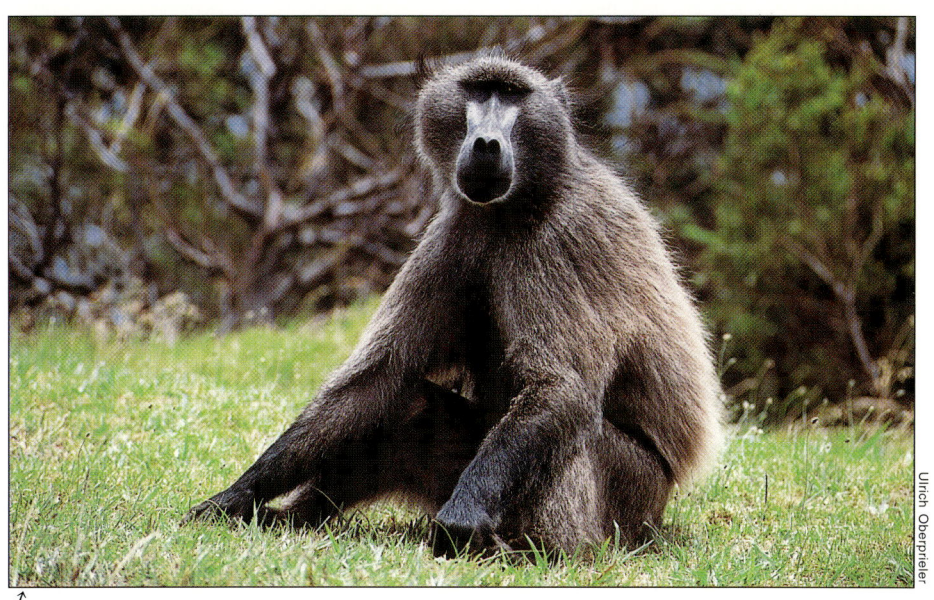

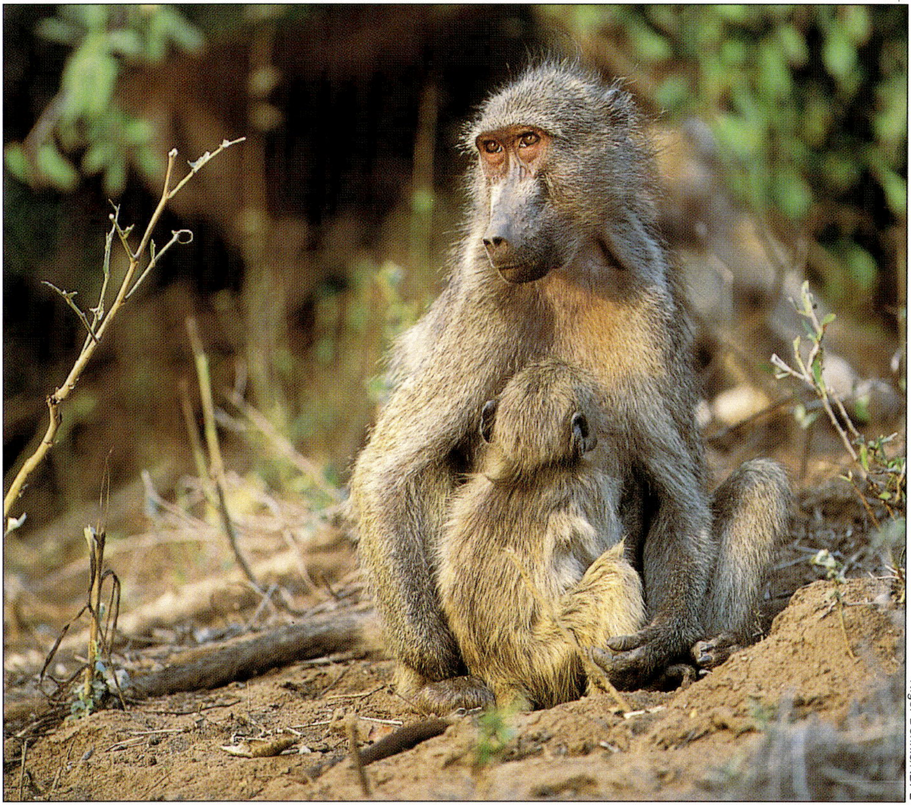

Nigel Dennis/ABPL

Tierreservate und Nationalparks

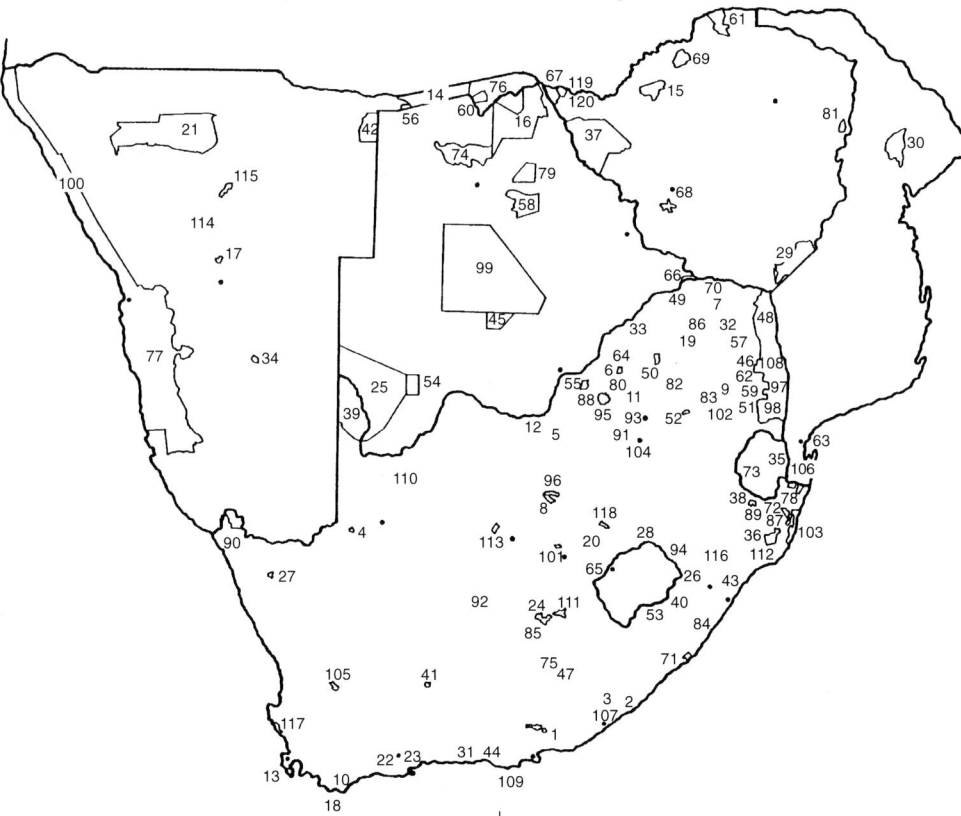

1 Addo (Patterson)
2 Amalinda (East Londen)
3 Andries Vosloo (Grahamstown)
4 Augrabies (Kakamas)
5 Baberspan
6 Ben Alberts (Thabazimbi)
7 Ben Lavin (Louis Trichardt)
8 Bloemhof Dam (Bloemhof)
9 Blyde River Canyon (Bourke's Luck)
10 Bontebok (Swellendam)
11 Borokalano (Assen)
12 Botsalano (Mafikeng)
13 Cape of Good Hope (Houtbaai)
14 Caprivi (West-Caprivi)
15 Chizarira (Siabuwa)
16 Chobe (Kasane)

17 Daan Viljoen (Windhoek)
18 De Hoop (Bredasdorp)
19 Doorndraai Dam (Potgietersrus)
20 Erfenis Dam (Theunissen)
21 Etosha
22 Gamkaberg (Oudtshoorn)
23 Gamkapoort (Oudtshoorn)
24 Gariep Dam (Springfontein)
25 Gemsbok (Lokwabe)
26 Giant's Castle (Estcourt)
27 Goegap (Springbok)
28 Golden Gate (Clarens)
29 Gona-re-zhou (Chiredzi)
30 Gorongosa (Vila Machado)
31 Goukamma (Knysna)
32 Hans Merensky (Letsitele)

33 Hans Strijdom Dam (Ellisras)
34 Hardap Dam (Mariental)
35 Hlane (Siteki)
36 Hluhluwe/Umfolozi
37 Hwange
38 Itala (Louwsburg)
39 Kalahari Gemsbok
40 Kamberg (Nottingham Road)
41 Karoo (Beaufort-Wes)
42 Kaudom (Rundu)
43 Kenneth Stainbank (Durban)
44 Keurboom (Plettenberg Bay)
45 Khutse (Takatokwane)
46 Klaserie (Hoedspruit)
47 Kommandodrift (Cradock)
48 Kruger
49 Langjan (Vivo)
50 Lapalala (Vaalwater)
51 Londolozi (At Krugerwildtuin)
52 Loskop Dam (Groblersdal)
53 Loteni (Himeville)
54 Mabuasehu (Tshabong)
55 Madikwe (Derdepoort)
56 Mahango (Bagani)
57 Makalali (Mika)
58 Makgadikgadi Pan (Gweta)
59 Mala Mala (At Krugerwildtuin)
60 Mamili (East-Caprivi)
61 Manapools (Marongora)
62 Manyeleti (At Krugerwildtuin)
63 Maputo Elephant Park (Bela Vista)
64 Marakele (Thabazimbi)
65 Maria Maroka (Thaba Nchu)
66 Mashatu (Oerwoud)
67 Matetsi (Victoria Falls)
68 Matobo (Bulawayo)
69 Matusadona (Kariba)
70 Messina
71 Mkambati (Lusikisiki)
72 Mkuzi
73 Milwane (Mhlambanyatsi)
74 Moremi (Okavango-delta)
75 Mountain Zebra (Cradock)
76 Mudumu (East-Caprivi)

77 Naukluft (Walvis Bay)
78 Ndumo
79 Nxai Pan (Kanyu)
80 Nyala Ranch (Koedoeskop)
81 Nyanga (Mutare)
82 Nylsvley (Naboomspruit)
83 Ohrigstad Dam (Lydenburg)
84 Oribi Gorge (Port Shepstone)
85 Oviston (Venterstad)
86 Percy Fyfe (Potgietersrus)
87 Phinda (Vals Bay)
88 Pilanesberg (Sun City)
89 Pongolapoort (Pongola)
90 Richtersveld (Vioolsdrif)
91 Rietvlei (Pretoria)
92 Rolfontein (Petrusville)
93 Roodeplaat Dam (Pretoria)
94 Royal Natal (Bergville)
95 Rustenburg
96 SA Lombard (Bloemhof)
97 Sabie-Sand (At Kruger)
98 Sabi-Sabi (At Kruger)
99 Central-Kalahari
100 Skeleton Coast (Torra Bay)
101 Soetdoring (Brandfort)
102 Sterkspruit (Lydenburg)
103 St. Lucia/Vals Bay
104 Suikerbosrand (Heidelberg)
105 Tankwa Karoo (Calvinia)
106 Tembe (Ndumo)
107 Thomas Baines (Grahamstown)
108 Timbavati (At Krugerwildtuin)
109 Tsitsikamma (Kareedouw)
110 Tswalu (Sonstraal)
111 Tussen-die-Riviere (Bethulie)
112 Umfolozi/Hluhluwe
113 Vaalbos (Kimberley)
114 Von Bach (Okahandja)
115 Waterberg Plateau (Otjiwarongo)
116 Weenen (Colenso)
117 West Coast (Langebaan)
118 Willem Pretorius (Winburg)
119 Zambesi (Victoria Falls)
120 Zuurberg (Kirkwood)

	Afrikanische wildkatze	Afrikanische zibetkatze	Afrikanischer büffel	Afrikanischer elefant	Afrikanischer wildhund	Bergriedbock	Blauducker	Bleichböckchen	Blessbock	Breitmaulnashorn	Bürenpavin	Buntbock	Buschhase	Buschschwein	Damara-dikdik	Elenantilope	Ellipsenwasserbock	Erdferkel	Erdwolf	Felsenhase (Natal)	Flusspferd	Fuchsmanguste	Gepard	Giraffe	Groß Rohrratte	Grosser kudu	Grossfleckenginsterkatze	Grossriedbock	Grüne meerkatze	Halbmondantilope	Hartmanns bergzebra	Honigdachs	Impala	Kap otter	Kapbergzebra	Kapfuchs	Kapgreisbock	Kaphase	Kapigel
Addo		●	●							●	●	●		●		●	●							●		●										●	●	●	
Amalinda				●		●			●				●								●	●										●	●						
Andries Vosloo	●		●			●			●	●	●			●		●	●				●			●		●						●							●
Augrabies	●									●		●		●		●	●			●		●	●			●					●								
Baberspan	●					●						●				●					●			●					●								●	●	●
Ben Alberts	●			●			●	●	●		●	●	●				●		●	●				●		●	●	●		●			●						
Ben Lavin									●				●	●	●									●	●	●													
Bloemhof Dam				●	●				●			●					●				●																	●	●
Blyde River Canyon									●	●			●			●			●			●	●						●										
Bontebok						●					●	●	●				●		●				●			●									●	●	●	●	●
Borokalano	●					●	●			●	●			●		●	●					●	●			●	●	●		●			●						
Botsalano	●			●	●				●			●				●				●			●		●	●	●		●			●							
Cape of Good Hope	●	●						●	●		●		●				●					●													●	●			
Caprivi	●	●	●	●	●			●			●	●	●				●				●			●		●				●	●	●							
Central Kalahari	●								●				●			●							●	●	●				●			●							
Chizarira	●	●	●	●	●			●			●		●	●	●		●						●	●		●				●		●							
Chobe	●	●	●	●	●					●	●		●	●	●		●				●	●	●	●		●	●	●		●		●	●						
Daan Viljoen	●								●			●				●			●				●	●		●						●	●	●		●			
De Hoop						●				●	●	●					●		●				●												●	●	●	●	●
Doorndraai Dam	●			●			●		●	●	●			●		●	●						●	●		●		●	●	●	●		●	●					
Erfenis Dam	●			●		●			●			●				●					●			●								●					●	●	
Etosha	●	●		●	●	●				●			●	●	●			●					●	●		●					●		●			●	●	●	●
Gamkaberg	●										●	●				●			●				●												●	●	●	●	●
Gamkapoort	●											●	●			●	●							●															
Gariep Dam				●		●					●					●					●			●											●	●		●	●
Gemsbok	●											●		●		●		●					●	●							●				●				
Giant's Castle	●			●		●	●		●				●				●			●	●					●		●		●									
Goegap									●							●	●						●	●											●	●		●	
Golden Gate	●	●			●	●			●	●			●															●					●					●	●
Gona-re-zhou	●	●	●	●		●	●	●	●			●			●	●	●				●		●	●		●				●			●	●					
Gorongosa	●	●	●	●	●			●	●					●		●	●	●			●	●	●	●						●			●	●					
Goukamma									●					●	●	●	●										●					●				●	●		
Hans Merensky	●	●							●				●	●				●	●	●				●		●	●	●	●	●	●		●	●					
Hans Strijdom Dam	●	●			●		●		●		●			●										●			●					●		●				●	●
Hardap Dam		●								●				●			●			●	●			●						●	●			●				●	●
Hlane	●	●		●		●				●	●		●	●	●					●	●	●					●	●	●	●		●	●	●					
Hluhluwe/Umfolozi	●		●	●	●	●	●			●			●	●			●	●	●		●		●	●		●	●	●		●		●	●	●					
Hwange	●	●											●		●		●				●		●	●	●	●	●			●			●						
Itala						●	●			●			●	●			●				●			●		●	●	●		●			●	●					
Kalahari Gemsbok	●				●							●		●		●	●						●	●		●	●	●				●				●		●	●

Park	Afrikanische wildkatze	Afrikanische zibetkatze	Afrikanischer büffel	Afrikanischer elefant	Afrikanischer wildhund	Bergriedbock	Blauducker	Bleichböckchen	Blessbock	Breitmaulnashorn	Bürenpavin	Buntbock	Buschbock	Buschhase	Buschschwein	Damara-dikdik	Elenantilope	Ellipsenwasserbock	Erdferkel	Erdwolf	Felsenhase (Natal)	Flusspferd	Fuchsmanguste	Gepard	Giraffe	Groß Rohrratte	Grosser kudu	Grossfleckenginsterkatze	Grossriedbock	Grüne meerkatze	Halbmondantilope	Hartmanns bergzebra	Honigdachs	Impala	Kap otter	Kapbergzebra	Kapfuchs	Kapgreisbock	Kaphase	Kapigel
Kamberg						•		•	•				•		•		•								•		•							•						
Karoo	•			•				•		•			•		•				•					•			•					•				•	•	•		•
Kaudom	•	•	•	•	•								•		•	•		•	•			•	•		•		•	•					•	•						
Kenneth Stainbank									•	•					•				•	•							•													
Keurboom						•			•				•	•	•												•									•		•	•	
Khutse	•												•			•	•	•				•			•								•		•					
Klaserie	•	•	•	•	•								•	•	•		•	•				•		•	•		•	•	•	•		•		•						
Kommandodrift	•					•			•		•						•							•								•					•	•		•
Kruger	•	•	•	•	•	•		•					•	•	•		•	•				•		•	•		•	•	•	•		•		•						
Langjan	•	•											•		•	•								•			•	•	•	•				•						•
Lapalala	•			•									•	•	•		•	•				•		•	•		•	•	•	•		•		•						•
Londolozi	•	•	•	•	•								•	•			•	•				•		•	•		•	•	•	•		•		•						
Loskop Dam		•							•	•	•	•	•	•			•							•	•		•					•		•						
Loteni						•	•						•	•							•				•				•						•					
Mabuasehu	•												•		•			•					•	•									•					•	•	
Madikwe	•	•	•	•	•	•							•	•	•		•	•				•		•	•		•	•	•	•		•		•						•
Mahango	•	•	•	•		•									•		•	•				•	•		•		•	•	•	•			•	•						
Makalali	•	•		•									•	•	•		•	•				•		•	•		•					•	•	•						
Makgadikgadi	•		•	•											•								•	•			•		•				•						•	•
Mala Mala	•	•	•	•	•								•	•			•	•				•		•	•		•	•	•	•		•		•						
Mamili	•	•	•	•	•			•					•		•		•	•				•		•	•		•	•	•	•			•	•						
Manapools	•	•	•	•	•								•		•		•	•				•		•	•		•	•	•			•		•						
Manyeleti	•	•	•	•	•								•		•		•	•				•		•	•		•	•	•	•		•		•						
Maputo Elephant	•	•		•									•		•		•					•		•			•					•	•							
Marakele	•	•	•	•		•							•		•		•	•				•		•	•		•	•	•	•		•		•						•
Maria Maroka							•		•				•				•								•		•								•					
Mashatu	•	•		•	•								•		•		•	•				•		•	•		•	•	•			•	•	•						•
Matetsi	•	•	•	•	•								•		•		•	•				•		•	•		•	•	•	•		•		•						•
Matobo	•	•											•		•		•	•				•		•	•		•					•								•
Matusadon	•	•	•	•	•								•		•		•	•				•			•		•					•		•						
Messina	•	•											•		•		•	•				•		•			•	•	•			•	•							
Milwane	•	•											•				•					•					•		•	•		•								
Mkambati										•	•		•				•									•	•	•	•	•				•		•				
Mkuzi	•	•		•						•			•	•	•		•	•				•		•	•		•	•	•	•		•		•						
Moremi	•	•	•	•	•								•		•		•	•				•		•	•		•	•	•	•			•	•						•
Mountain Zebra	•			•					•		•		•		•		•		•					•								•				•		•		•
Mudumu	•	•	•	•	•		•						•		•		•	•				•	•		•		•	•	•	•		•		•						
Naukluft	•								•								•							•			•					•			•				•	
Ndumo	•	•	•										•	•			•					•			•		•					•								
Nxaipan	•		•	•									•		•		•	•				•		•	•								•						•	•

	Afrikanische wildkatze	Afrikanische zibetkatze	Afrikanischer büffel	Afrikanischer elefant	Afrikanischer wildhund	Bergriedbock	Blauducker	Bleichböckchen	Blessbock	Breitmaulnashorn	Bürenpavin	Buntbock	Buschbock	Buschhase	Buschschwein	Damara-dikdik	Elenantilope	Ellipsenwasserbock	Erdferkel	Erdwolf	Felsenhase (Natal)	Flusspferd	Fuchsmanguste	Gepard	Giraffe	Groß Rohrratte	Grosser kudu	Grossfleckenginsterkatze	Grossriedbock	Grüne meerkatze	Halbmondantilope	Hartmanns bergzebra	Honigdachs	Impala	Kap otter	Kapbergzebra	Kapfuchs	Kapgreisbock	Kaphase	Kapigel
Nyala Ranch	●						●	●		●	●	●			●	●	●	●						●	●	●		●	●			●			●			●		●
Nyanga	●	●						●		●	●	●		●	●									●	●			●	●			●			●					
Nylsvley				●				●		●	●	●					●	●	●				●		●	●	●	●	●											●
Ohrigstad Dam			●			●	●			●	●	●										●			●			●												
Oribi Gorge					●	●			●		●	●						●				●			●										●			●	●	
Oviston	●			●				●		●		●		●						●					●										●		●	●		
Percy Fyfe			●		●				●		●	●			●	●									●			●	●											●
Phinda			●	●	●				●	●	●		●	●	●							●	●	●				●	●			●	●							
Pilanesberg	●	●	●	●				●			●	●			●	●						●	●	●		●		●	●	●	●	●	●			●				●
Pongola				●							●	●					●	●						●	●		●													
Richtersveld								●			●				●										●		●					●	●				●			●
Rietvlei		●		●				●	●	●		●					●	●	●							●						●			●					●
Rolfontein	●	●		●	●			●							●					●					●									●	●	●	●			
Roodeplaat Dam	●				●				●					●											●									●	●					
Royal Natal			●			●		●				●													●	●									●	●				
Rustenburg	●		●					●		●	●	●	●		●					●					●							●								●
SA Lombard	●		●					●											●	●	●											●								
Sabie-Sand	●		●		●	●		●	●		●	●	●	●	●	●	●					●		●				●		●						●	●	●	●	●
Sabi-Sabi	●		●		●			●	●		●	●	●	●	●	●	●					●		●				●		●										
Skeleton Coast	●	●						●								●			●	●		●														●				
Soetdoring	●	●				●	●			●										●					●			●							●	●				
Sterkspruit													●	●							●			●					●			●								
St. Lucia/False Bay	●				●	●			●			●	●	●	●	●						●	●	●				●		●										●
Suikerbosrand	●			●				●		●				●						●									●								●	●		
Tankwa Karoo	●	●																	●	●		●													●	●	●	●		
Tembe	●				●	●			●	●			●	●	●							●		●				●												●
Thomas Baines					●	●			●							●									●	●						●					●	●	●	
Timbavati	●		●		●	●		●	●		●	●	●	●	●							●		●				●		●				●			●	●	●	●
Tsitsikamma					●	●		●																	●	●									●					
Tswalu	●	●	●	●		●				●															●			●				●	●						●	
Tussen-die-Riviere	●	●		●	●			●	●																●			●		●				●	●	●	●			●
Umfolozi/Hluhluwe	●				●	●	●	●		●		●			●	●						●		●				●	●			●		●					●	●
Vaalbos	●	●	●		●	●		●							●										●							●		●			●	●		
Von Bach	●	●				●									●	●				●	●	●	●						●	●	●						●	●	●	●
Waterberg Plateau	●	●	●	●		●		●	●			●					●	●	●	●	●	●							●			●					●		●	●
Weenen												●	●			●								●										●					●	●
West Coast		●														●																●		●	●					
Willem Pretorius	●			●	●				●			●	●						●	●	●				●							●		●					●	●
Zambesi	●	●	●	●		●			●	●			●	●		●	●					●	●	●				●	●	●		●		●					●	●
Zuurberg	●	●			●	●	●	●			●		●				●	●	●			●						●						●	●			●	●	●

Spuren

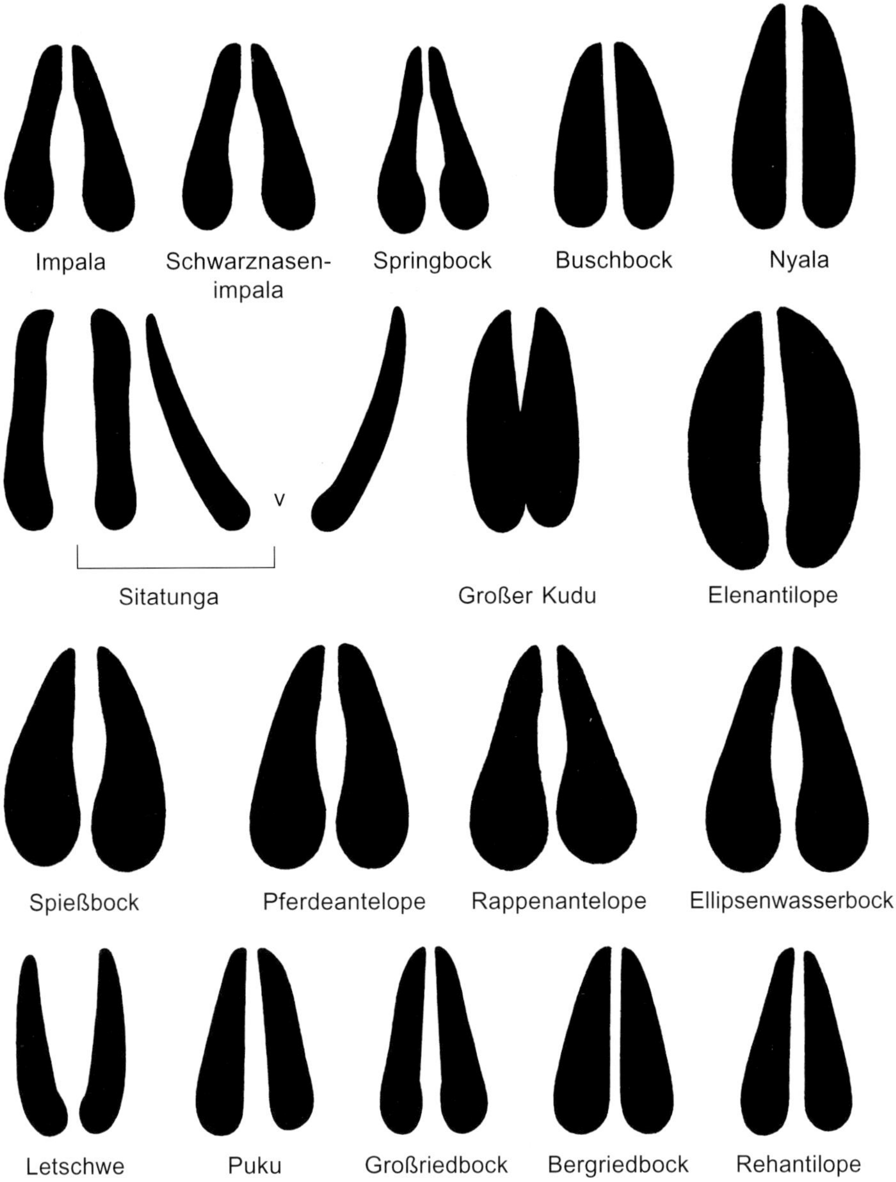

| Impala | Schwarznasen-impala | Springbock | Buschbock | Nyala |

| Sitatunga | | Großer Kudu | Elenantilope |

| Spießbock | Pferdeantelope | Rappenantelope | Ellipsenwasserbock |

| Letschwe | Puku | Großriedbock | Bergriedbock | Rehantilope |

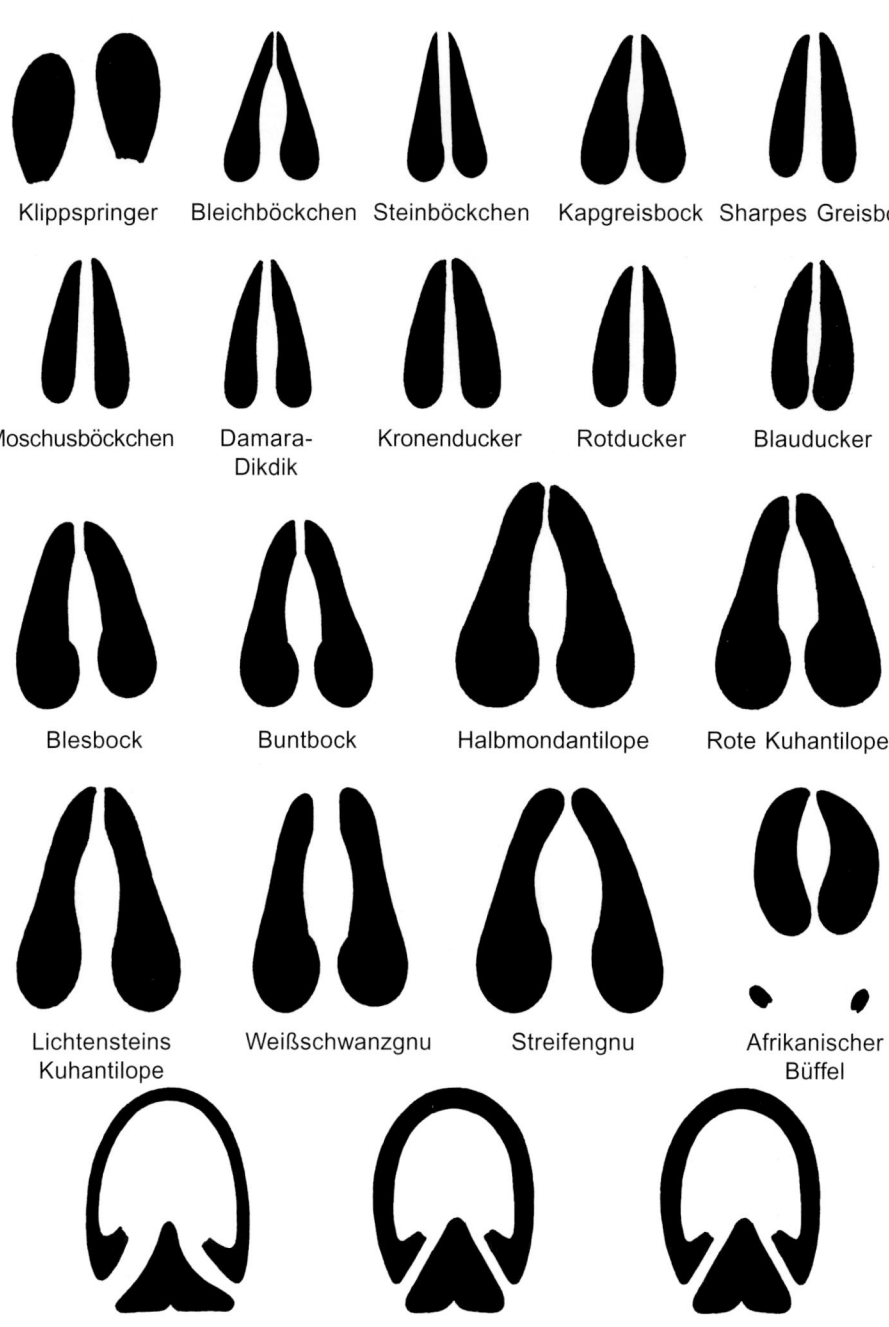

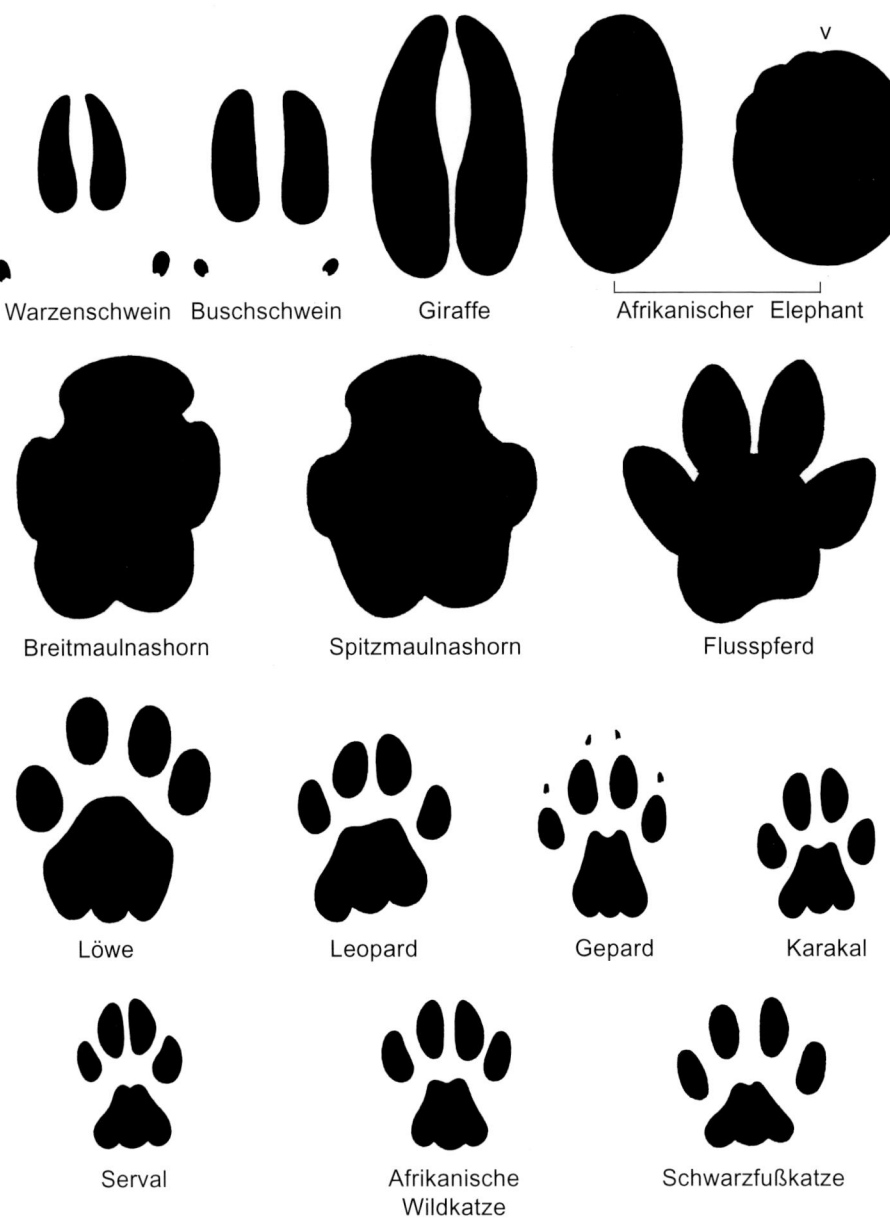

| Tüpfelhyäne | Schabrackenhyäne | Erdwolf | Afrikanischer Wildhund | Streifenschakal |

 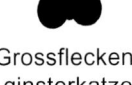   

| Schabracken-schakal | Löffelhund | Kapfuchs | Honigdachs | Afrikanische Zibetkatze |

| Kleinflecken-ginsterkatze | Grossflecken-ginsterkatze | Streifeniltis | Fuchs-manguste | Rotichneumon |

| Kleinich-neumon | Weißschwanz-manguste | Wasser-manguste | Zebra-manguste | Zwerg-manguste |

| Surikate | Kapotter | Erdferkel | Steppenschuppentier |

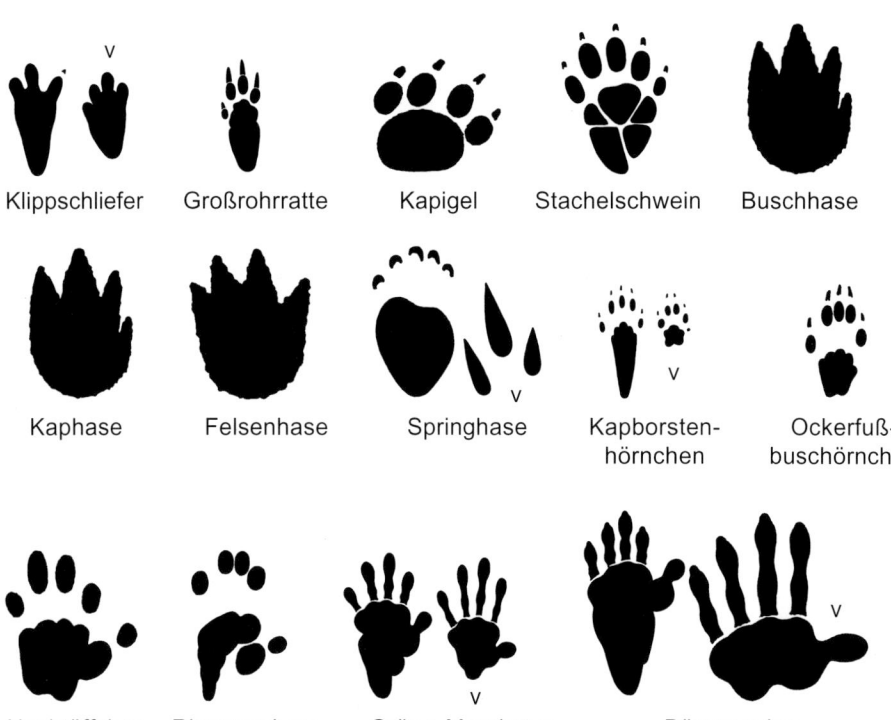

Bibliographie

BROWN, L. 1972 *The Life on the African Plains*. New York: McGraw-Hill.

CILLIÉ, B. 1992. *Sakgids tot Suider-Afrikaanse Soogdiere*. Pretoria: J.L. van Schaik Uitgewers.

CLARKE J. & PITTS, J. 1972. *Focus on Fauna: the Wildlife of South Africa*. Johannesburg: Nelson.

DORST, J. & DANDELOT, P. 1972. *A Field Guide to the Mammals of Africa including Madagascar*. London: Collins.

LIEBENBERG, L. 1990. A Fieldguide to the Animal Tracks of Southern Africa. Cape Town & Johannesburg: David Philip Publishers.

MABERLEY, C.T.A. 1963. *The Game Animals of Southern Africa*. Johannesburg: Nelson.

MEESTER, J.A.J. & SETZER H.W. 1971. *The Mammals of Africa: An Identification Manual*. Washington D.C.: Smithsonian Institute.

NATIONAL PARKS BOARD OF SOUTH AFRICA. 1980. *Mammals of the Kruger and other National Parks*. Pretoria: National Parks Board of South Africa.

PIENAAR, U. DEV., RAUTENBACH, I.L. & DE GRAAF, G. 1980. *The Small Mammals of the Kruger National Park*. Pretoria: National Parks Board of South Africa.

PLAYER, I. 1972. *Big Game*. Cape Town: Caltex.

ROBERTS, A. 1952. *The Mammals of South Africa*. Johannesburg: CNA.

ROEDELBERGER, F. & GROSCHOFF, V. 1964. *African Wildlife*. London: Constable.

ROSE, P. 1968. *Big Game and Other Mammals*. Cape Town – Johannesburg: Purnell.

SHORTRIDGE, G.C. 1934. *The Mammals of South West Africa*. London: Heinemann.

SKINNER, J. & BANNISTER, A. 1985. *Wild Animals of South Africa*. Johannesburg: CNA.

SMITH, S.J. & HALSE A.R.D. 1985. *Rowland Ward's African Records of Big Game*. xxiv Edition, San Antonio, Texas: Rowland Ward Publications, a division of Game Conservation International.

SMITHERS, R.H.N. 1966. *The Mammals of Rhodesia, Zambia and Malawi*. London: Collins.

SMITHERS, R.H.N. 1983. *The Mammals of the Southern African Subregion*. Pretoria: University of Pretoria.

STEVENSON HAMILTON, J. *Wildlife in South Africa*. London: Cassel.

YOUNG, E.J., DEEKS, J. & LANDMAN, M. 1978. *Beskerm ons Seldsame Spesies Soogdiere van die Transvaal*. Johannesburg: E. Stanton.

ZALOUMIS, E.A. & CROSS, R. *A Field Guide to the Antelope of Southern Africa*. Durban: Natal Branch of The Wildlife Society of Southern Africa.

Namenliste

Aardvark 170
Aardwolf 128
Acinonyx jubatus 114
Aepyceros melampus melampus 16
Aepyceros melampus petersi 18
African Wild Cat 120
African Sivet 142
Afrikanische Wildkatze 120
Afrikanische Zibetkatze 142
Afrikanischer Büffel 84
Afrikanischer Elefant 100
Afrikanischer Wildhund 130
Alcelaphus buselaphus 76
Ameisenbär 170
Antidorcas marsupialis 20
Antbear 170
Aonyx capensis 166
Atelerix frontalis 178
Atilax paludinosus 158
Banded Mongoose 160
Bandiltis 148
Bärenpavian 202
Bat-eared Fox 136
Bergriedbock 46
Black-faced Impala 18
Black Wildebeest 80
Blauducker 68
Bleichböckchen 52
Blesbock 70
Blesbok 70
Blue Duiker 68
Blue Wildebeest 82
Bontebok 72
Braune Hyäne 126
Breitmaulnashorn 102
Brown Hyaena 126
Buffalo 84
Buntbock 72
Burchell's Zebra 86
Buschbock 22
Buschhase 182
Buschschwein 94
Bushbuck 22

Bushpig 94
Canis adustus 132
Canis mesomelas 134
Cape Clawless Otter 166
Cape Fox 138
Cape Grysbok 56
Cape Hare 184
Cape Hunting Dog 130
Cape Mountain Zebra 88
Caracal 116
Cephalophus monticola 68
Cephalophus natalensis 66
Ceratotherium simum 102
Cercopithecus aethiops 198
Cercopithecus mitis 200
Chacma Baboon 202
Cheetah 114
Civettictis civetta 142
Common Duiker 64
Connochaetes gnou 80
Connochaetes taurinus 82
Crocuta crocuta 124
Cynictis penicillata 150
Damaliscus dorcas dorcas 72
Damaliscus dorcas phillipsi 70
Damaliscus lunatus 74
Damara-Dikdik 62
Diademmeerkatze 200
Diceros bicornis 104
Dwarf Mongoose 162
Eland 30
Elephant 100
Elenantilope 30
Ellipsenwasserbock 38
Equus burchelli 86
Equus zebra hartmannae 90
Equus zebra zebra 88
Erdferkel 170
Erdhörnchen 190
Erdmännchen 164
Erdwolf 128
Falbkatze 120
Felis caracal 116
Felis lybica 120
Felis nigripes 122
Felis serval 118
Felsenhase 186

Fingerotter 166
Fleckenhyäne 124
Flußpferd 106
Fuchsmanguste 150
Galago moholi 194
Galerella pulverulenta 154
Galerella sanguinea 152
Gelbfuß-Moorantilope ?
Gemsbock 32
Gemsbok 32
Genetta genetta 144
Genetta tigrina 146
Gepard 114
Giraffa camelopardalis 96
Giraffe 96
Grasantilope 42
Greater Cane Rat 176
Grey Duiker 64
Grey Rhebok 48
Großbambusratte 176
Großrohrratte 176
Großer Kudu 28
Großfleckenginsterkatze 146
Großriedbock 46
Ground Squirrel 190
Grüne Meerkatze 198
Halbmondantilope 74
Hartmanns Bergzebra 90
Hartmann's Mountain Zebra 90
Helogale parvula 162
Hippopotamus 106
Hippopotamus amphibius 106
Hippotragus equinus 34
Hippotragus niger 36
Honey Badger 140
Honigdachs 140
Hooked-lipped Rhino 104
Hyaena brunnea 126
Hyänenhund 130
Hystrix africaeaustralis 180
Ichneumia albicauda 156
Ictonyx striatus 148
Impala 16
Kapbergzebra 88
Kapborstenhörnchen ?
Kapfuchs 138
Kapgreisbock 56

Kap-Hartebeest 76
Kaphase 184
Kapigel 178
Kapotter 166
Karakal 116
Kleiner Galago 194
Kleinerer Halbaffe 194
Kleinfleckenginsterkatze 144
Kleinichneumon ?
Klippdachs 174
Klippschliefer 174
Klippspringer 50
Klipspringer 50
Kobus ellipsiprymnus 38
Kobus leche 40
Kobus vardonii 42
Kronenducker 64
Kudu 28
Large Spotted Genet 146
Leopard 112
Lepus saxatilis 182
Lepus capensis 184
Lesser Bushbaby 194
Letschwe 40
Lichtenstein's Hartebeest 78
Lichtensteins Kuhantilope 78
Lion 110
Litschi-Moorantilope 40
Löffelhund 136
Löwe 110
Loxodonta africana 100
Lycaon pictus 130
Madoqua kirkii 62
Manis temminckii 172
Mellivora capensis 140
Moschusböckchen 60
Mountain Reedbuck 46
Mungo 160
Mungos mungo 160
Nachtäffchen 194
Neotragus moschatus 60
Nilpferd 106
Nyala 24
Ockerfußbuschhörnchen 192
Oreotragus oreotragus 50
Oribi 52
Orycteropus afer 170

221

Oryx   32
Oryx gazella   32
Otocyon megalotis   136
Otolemur crassicaudatus   196
Ourebia ourebi   52
Pangolin   172
Panthera leo   110
Panthera pardus   112
Papio ursinus   202
Paraxerus cepapi   192
Pedetes capensis   188
Pelea capreolus   48
Pferdeantilope   34
Phacochoerus africanus   92
Pinselohrschwein   94
Porcupine   180
Potamochoerus larvatus   94
Procavia capensis   174
Pronolagus spp   186
Proteles cristatus   128
Puku   42
Raphicerus campestris   54
Raphicerus melanotis   56
Raphicerus sharpei   58
Rappenantilope   36
Ratel   140
Red Duiker   66
Red Hartebeest   76
Red Lechwe   40
Red Rock Rabbit   186
Redunca arundinum   44
Redunca fulvorufula   46
Rehantilope   38
Rehbok   38
Riedbock   46
Riesengalago   196
Roan Antilope   34
Rock Dassie   174
Rotducker   66
Rote Kuhantilope   76
Rothase   186
Rotichneumon   152
Rotkatze   116
Sable Antilope   36
S.A. Hedgehog   178
Schabrackenhyäne   126
Schabrackenschakal   134

Schartier   164
Schlankichneumon   152
Schwarzfersenantilope   16
Schwarzfußkatze   122
Schwarznasenimpala   18
Scrub Hare   182
Serval   118
Sharpes Greisbock   58
Sharpe's Grysbok   58
Side Striped Jackal   132
Sigmoceros lichtensteinii   78
Sitatunga   26
Slender Mongoose   152
Small Grey Mongoose   154
Small Spotted Cat   122
Small Spotted Genet   144
Southern Reedbuck   46
Spießbock   32
Spitzmaulnashorn   104
Spotted Hyaena   124
Springbock   20
Springbok   20
Springhare   188
Springhase   188
Square-lipped Rhino   102
Steenbok   54
Steinböckchen   54
Steppenschuppentier   172
Steppenzebra   86
Strauchhase   182
Streifengnu   82
Streifeniltis   148
Streifenschakal   132
Striped Polecat   148
Südafrikanisches Stachelschwein   180
Sumpfantilope   26
Sumpfmanguste   158
Suni   60
Suricata suricatta   164
Suricate   164
Surikate   164
Sylvicapra grimmia   64
Syncerus caffer   84
Taurotragus oryx   30
Thick-tailed Bushbaby   196
Thryonomys swinderianus   176
Tieflandnyala   24

Tragelaphus angasii 24
Tragelaphus scriptus 22
Tragelaphus spekei 26
Tragelaphus strepsiceros 28
Tree Squirrel 192
Tschakma Pavian 202
Tsessebe 74
Tüpfelhyäne 124
Vaal-Rehbok 48
Vervet Monkey 198
Vulpes chama 138
Warthog 92
Warzenschwein 92
Wassermanguste 158
Water Mongoose 158
Waterbuck 38
Weißkehlmeerkatze 200
Weißschwanzgnu 80
Weißschwanzichneumon 156
Weißschwanzmanguste 156
White-tailed Mongoose 156
Wüstenluchs 116
Xerus inauris 190
Yellow Mongoose 150
Zebramanguste 160
Zorilla 148
Zwergrüsselantilope 62
Zwergmanguste 162